図解即戦力

カラ　…　で、
知　…

仮想化&コンテナがしっかりわかる　これ1冊で教科書

五十嵐貴之
Takayuki Ikarashi

薄田達哉
Tatsuya Susukida

技術評論社

はじめに

近ごろ、IT関連のニュースやSNSにおいて、「コンテナ」や「Docker」という用語をたくさん見かけるようになりました。本書の読者も、「『コンテナ』や『Docker』について詳しく知りたい」と思って本書を手に取られた方が多いことかと思います。

この2つの用語をかんたんに説明すると、コンテナとは仮想化と呼ばれる技術の1つで、Dockerとはコンテナ型仮想化技術を実現するソフトウェアです。

そのため本書の前半では、まずは仮想化の基礎について説明します。そもそも仮想化とは何か、そしてコンテナとそれ以外の仮想化技術を学び、各々を比較することで、コンテナの特徴を理解します。

本書の後半では、Dockerについての詳しい説明と、コンテナを管理するためのツール「Kubernetes」、さらにクラウドのコンテナサービスについて説明します。

コンテナやDockerについて、すでに刊行されている書籍のなかに優れたものが何冊もありますが、本書はそれらと比較して、もっともやさしい入門書となるように執筆しました。

本書の内容を細かく精査・編集していただき、また大変わかりやすい図をご用意してくださったリブロワークスの大津様、横田様に深くお礼申し上げます。

2020年10月　五十嵐 貴之

はじめにお読みください

本書に記載された内容は、情報の提供のみを目的としています。したがって、本書を用いた運用は、必ずお客様自身の責任と判断によって行ってください。これらの情報の運用の結果について、技術評論社および著者はいかなる責任も負いません。

本書記載の内容は、2020年10月現在のものを掲載しています。そのため、ご利用時には変更されている場合もあります。また、ソフトウェアはバージョンアップされることがあり、本書の説明とは機能や画面が異なってしまうこともあります。

以上の注意事項をご承諾いただいた上で、本書をご利用願います。これらの注意事項をお読みいただかずにお問い合わせいただいても、技術評論社および著者は対処できません。あらかじめ、ご承知おきください。

目次　Contents

1章

仮想化の基礎知識

01 仮想化とは
～物理構成にとらわれない柔軟性と可用性 010

02 仮想化の種別
～サーバー仮想化とネットワーク仮想化 014

03 仮想化のメリットとデメリット
～効率・運用性から見た物理環境との比較 018

04 仮想化とクラウド
～クラウドは仮想化によって支えられている 022

05 クラウドのセキュリティ
～安全性は高いがクラウドならではのリスクもある 026

2章

仮想化のしくみと技術

06 サーバー仮想化のしくみ
～物理サーバーに複数の仮想サーバーを構築 030

07 ホストOS 型仮想化
～ホストOS 上で複数のゲストOS が動作 032

08 ハイパーバイザ型仮想化
～ホストOS を必要としないサーバー仮想化 034

09 コンテナ型仮想化
～アプリケーションごとに独立した空間を構築 036

10 クラウドのサーバー仮想化
～主要クラウドのサーバー仮想化サービス 038

11 ネットワーク仮想化のしくみ
～物理構成とは異なる論理的なネットワークを構築 040
12 VLAN
～仮想的なLAN 環境を構築 042
13 オーバーレイネットワーク
～ VLAN の弱点を克服するための技術 044
14 VPN
～仮想的な専用線を構築する技術 046
15 SDN
～ソフトウェアによってネットワークを定義 048
16 NFV
～ネットワーク機器の機能をソフトウェアで実現 050
17 SD-WAN
～拠点間の接続を一元管理 052
18 クラウドのネットワーク仮想化
～主要クラウドのネットワーク仮想化サービス 054

3章 コンテナ技術の基礎知識

19 コンテナ技術の歴史
～意外と古いコンテナ技術の起源 058
20 コンテナ技術のメリット
～仮想サーバーを手軽に構築できる 060
21 DevOps とコンテナ技術
～開発と運用のスムーズな連携を手助け 062
22 主要なコンテナ技術
～ Docker 以外のさまざまなコンテナ技術 064
23 マイクロサービス
～コンテナと相性がよい設計手法 066
24 コンテナとサーバーレスの比較
～サービス開発の大きな2 つの流れ 068

4章

コンテナ型仮想化ソフトウェア「Docker」

25 Docker とは
～コンテナ技術のデファクトスタンダード 072

26 Docker が注目される理由
～ Docker の歴史と発展を振り返る 074

27 Docker コンテナ
～外部から影響を受けない独立した環境 078

28 コンテナイメージ
～コンテナを実行するためのテンプレート 083

29 コンテナのライフサイクル
～コンテナの作成から削除まで 088

30 Docker デーモン
～ Docker エンジンを支える最重要要素 090

31 コンテナとプロセス
～プロセスごとにコンテナを分けるメリット 094

32 名前空間
～作業空間を分離するためのしくみ 098

33 差分管理
～ Docker の高速なデプロイを支えるしくみ 102

34 Swarm mode
～クラスタを管理する機能 106

35 主要なDocker コマンド
～必須コマンドのポイントを紹介 109

36 Docker Hub
～コンテナイメージを共有できるサービス 116

5章 コンテナオーケストレーションツール「Kubernetes」

37 コンテナオーケストレーション
～コンテナを管理する際に必要な作業とは …… 120

38 Kubernetes とは
～コンテナの管理・運用を自動化するツール …… 124

39 ポッド
～ Kubernetes がコンテナを管理する単位 …… 128

40 デプロイメントコントローラ
～オーケストレーションを支える最重要要素 …… 132

41 サービス
～コンテナへアクセスするための窓口 …… 136

42 flannel
～コンテナ間の相互アクセスを支える技術 …… 140

43 負荷分散と死活監視
～システムの可用性を向上させるしくみ …… 144

44 スケーリング
～システムの性能を向上させるしくみ …… 148

45 主要なKubernetesコマンド
～必須コマンドのポイントを紹介 …… 153

46 自動ビルド
～イメージ化からデプロイまでの手順を自動化 …… 160

47 マルチクラウド
～複数クラウド併用時のKubernetes …… 164

48 Kubernetes のアーキテクチャ
～各ノードで動作するコンポーネント …… 167

6章

クラウドのコンテナサービス

49 クラウドのコンテナ技術対応状況
～主要クラウドのさまざまなコンテナサービス 172

50 Amazon ECS
～ AWS のコンテナオーケストレーションサービス 176

51 Amazon EKS
～ AWS のKubernetes サービス 180

52 AWS Fargate
～ AWS のサーバーレスなコンテナ実行環境 184

53 GKE
～ GCP のKubernetes サービス 186

54 Cloud Run
～ GCP のサーバーレスなコンテナ実行環境 190

55 AKS
～ Azure のKubernetes サービス 194

56 ACI
～ Azure のサーバーレスなコンテナ実行環境 197

57 Docker Enterprise
～一元管理でマルチクラウドを実現 200

索引 204

1章

仮想化の基礎知識

仮想化とは、実体のないものをあたかも実在しているように見せる技術です。現在では、規模の大きいシステムやサービスを構築するのに必要不可欠な技術となっています。本章では、そもそも仮想化とは何か、どのような特徴があるのかを学びます。

01 仮想化とは ～物理構成にとらわれない柔軟性と可用性

仮想化を使うと、物理的な実体とは異なる構成でサービスを構築できます。たとえば、1台の物理的なサーバー上に、複数の仮想的なサーバーを動作させることが可能です。まずは、仮想化とは何かについて見ていきましょう。

仮想化とは

仮想化とは、**実体のないものをあたかも実在しているかのごとく表現する技術のこと**です。たとえば、1台の物理的なサーバー上に、複数の仮想的なサーバーを構築できます。こうすると、物理的なサーバーを増やすことなく、必要に応じてサーバーを増減することが可能になります。

■ 物理的なサーバーに複数の仮想的なサーバーを構築可能

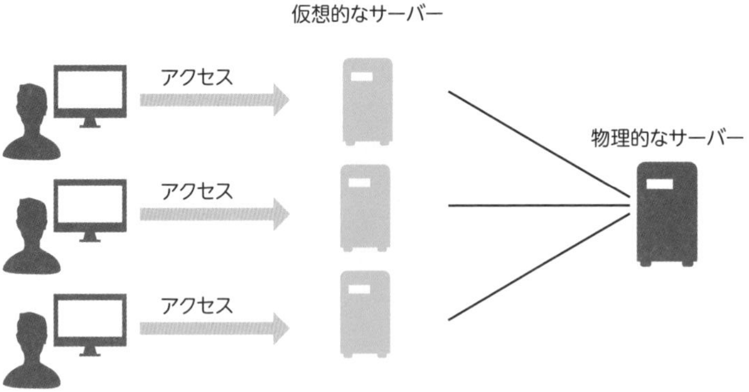

逆に、仮想化によって、**実際は複数の物理的なサーバーで構成されているのに、ユーザーには1つのサーバーに見せかけることも可能**です。たとえば、オンラインのメールサービス（Google社の「Gmail」など）をイメージしてください。もしあなたが利用しているメールサーバーが故障し、そのサーバーが復旧するまでメールを使えないとしたらとても不便です。しかし実際には1つのメールサーバーが故障しても、ユーザーはそれを知ることもなくサービスの利

用を継続することができます。

これらのサービスでは、もともと複数の物理的なサーバーで構成されており、その上で仮想サーバーが動いています。故障したサーバーが出ても自動的に切り離し、他のサーバーに切り替えることで、同じ処理を継続することができるようになっているのです。ユーザーはサーバーの故障を一切知ることもなく、あたかも1台のサーバーが提供するサービスのごとく、いつもと同じアクセス方法で、サービスを受け続けることができます。

■ 複数のサーバーが1台のサーバーであるかのように見せる

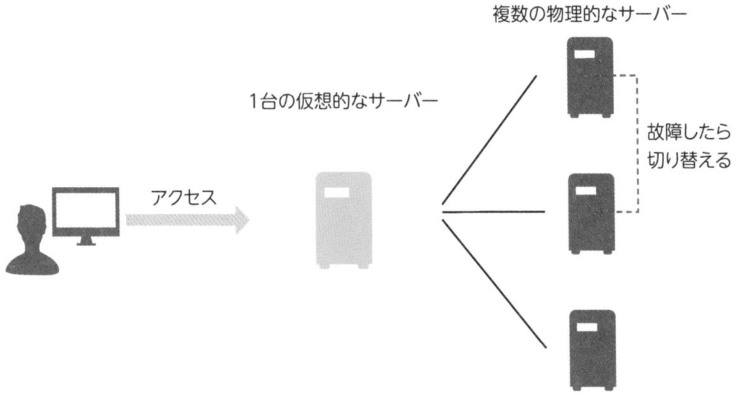

仮想化の概念

仮想化の概念を理解するには、次ページの図を見ていただくのがよいでしょう。この図は、物理的なサーバー上で仮想的なサーバーを3台動作させている様子を表しています。まず、「物理的なサーバー」が最下位に存在します。その上の「ホストOS」とは、物理的なサーバー上にインストールされているOS（オペレーティングシステム。コンピューターを動かすためのソフトウェア）のことです。さらにその上には、**仮想化ソフトウェア**があります。これは、仮想的なサーバーを動作させるうえで必要となるソフトウェアです。この仮想化ソフトウェアこそが、仮想化を実現するものです。

■サーバーの仮想化

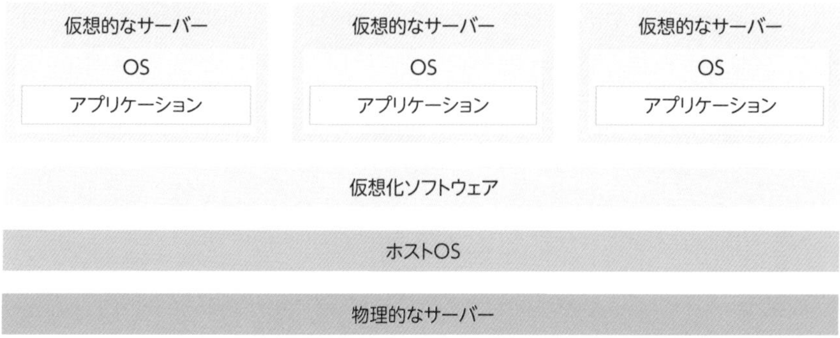

SF映画などで、主人公が非常にリアルな仮想現実（バーチャルリアリティー）に没入して、現実と区別ができなくなる物語があります。プログラムの場合も同じで、実際のハードウェアとまったく同じ反応を返す仮想化ソフトウェアがあれば、実ハードウェアと同じようにプログラムが動作します。これが仮想化の基本的な原理です。

柔軟に環境を構築できる

仮想化によって、物理的な環境の制約にとらわれず、柔軟に環境を構築することができます。これが仮想化の持つ**柔軟性**です。物理的なサーバーを新たに購入しなくとも、あたかも物理的なサーバーが存在するかのごとく、新たなサーバーを仮想的に用意することが可能です。

たとえば、物理的なサーバーのOSを、Windows 10 Proとします。Windows 10 Proに、「VirtualBox」というOracle社の仮想化ソフトウェアをインストールすることで、仮想的なサーバーを構築できます。仮想的なサーバーでは、CentOSやUbuntu、Windows Serverといった、ホストOSとは別のOSを動作させることも可能です。1台のサーバーで3台分の仮想的なサーバーを構築できるので、コストや設置スペースの削減にもつながります。

■ 仮想的なサーバーの構築例

可用性が向上する

可用性とは、「システムが故障せずに継続して利用できるかどうか」を示す指標です。仮想化を用いれば、作成した仮想環境をその環境ごとファイルとしてバックアップしておくことが可能なため、もし仮想環境が故障しても、バックアップから復元することですぐに以前の状態に戻すことができます。これは、システムの可用性を向上させます。ただし、仮想的なサーバーは、物理的なサーバーをシャットダウンしてしまえば、使用することはできません。

まとめ

- **仮想化は実体のないものをあたかも実在しているかのごとく表現する技術**
- **仮想化によって1台の物理的なサーバー上に複数の仮想的なサーバーを構築できる**
- **仮想的なサーバーはバックアップすることが可能なので障害時に以前の状態に戻すのが容易である**

02 仮想化の種別 ～サーバー仮想化とネットワーク仮想化

仮想化の代表的な例として、物理的なサーバーを仮想化する「サーバー仮想化」と、物理的なネットワーク構成を仮想化する「ネットワーク仮想化」の2種類があります。この2つの仮想化について、概要を紹介しましょう。

サーバー仮想化とは

サーバー仮想化とは、物理的なサーバーを仮想化することです。仮想的なサーバーは、ホストOSとは異なったOSで構築することが可能です。また、物理的なサーバーのスペックが高いほど、複数の仮想サーバーを同時に稼働させることができます。物理的なサーバー上に構築された仮想サーバーは、ネットワーク経由でお互いを参照することが可能です。仮想サーバー同士はもちろんのこと、ホストOSにもネットワーク経由で参照できます。仮想サーバーの1つにデータベース（データの保存や検索機能を提供するソフトウェア）をインストールすることで、別の仮想サーバーや物理サーバーからそのデータベースを参照することも可能です。

■ サーバー仮想化

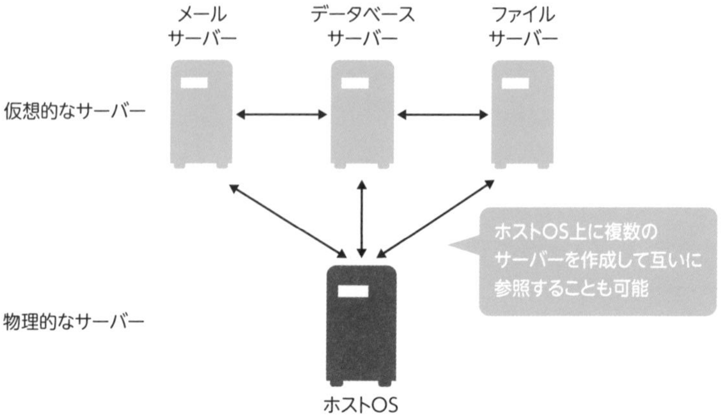

ネットワーク仮想化とは

ネットワーク仮想化とは、ネットワーク機器やネットワーク設備といった物理的なネットワーク構成を仮想化することです。1つのネットワークを複数の仮想的なネットワークに分割したり、複数のネットワークを1つの仮想的なネットワークに見せたりすることができます。またネットワーク仮想化は、**ネットワークの設定をソフトウェアで行うことができます**。たとえば、企業内のネットワークを物理ネットワークだけで構成する場合は、スイッチや外部と接続するためのルーター、ファイアウォールなどを、実現したいネットワーク構成に合わせてケーブルでつないでいきます。台数が多ければ、混雑が起きないよう接続構成を考える必要があります。ネットワーク仮想化を導入すると、物理的なネットワーク機器が隠ぺいされて仮想的なスイッチなどを利用できるので、ネットワークの管理がしやすく、変更も柔軟に行えます。

■ ネットワーク仮想化

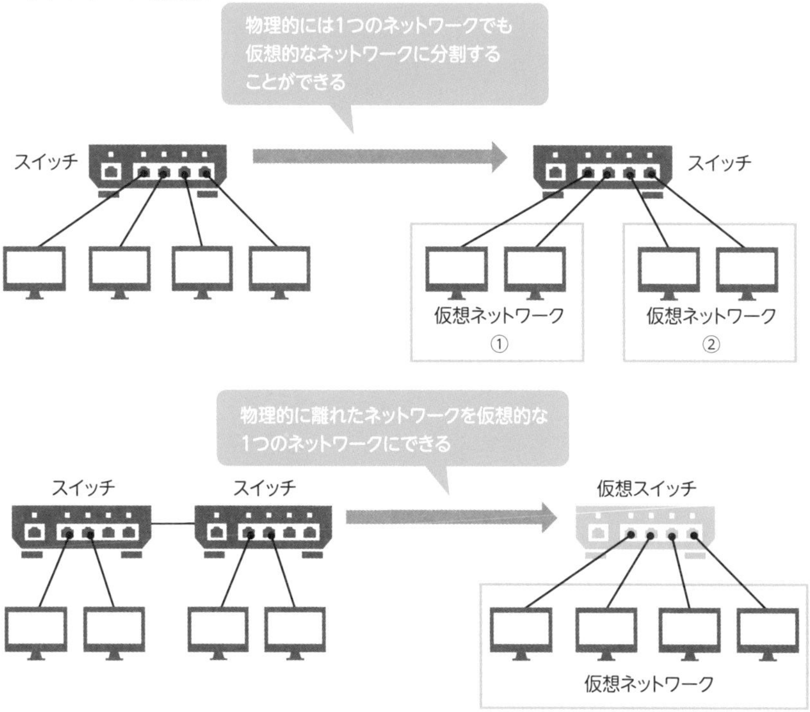

その他の仮想化

本書はサーバー仮想化とネットワーク仮想化を中心に解説していきますが、仮想化にはほかにもストレージ仮想化やデスクトップ仮想化、アプリケーション仮想化があります。

ストレージ仮想化は、ハードディスクやSSDなどの記憶装置を仮想化する技術です。1つの物理ストレージを複数の仮想ストレージに分割したり、複数の物理ストレージを束ねて1つの巨大な仮想ストレージで扱えるようにしたりします。

■ストレージ仮想化

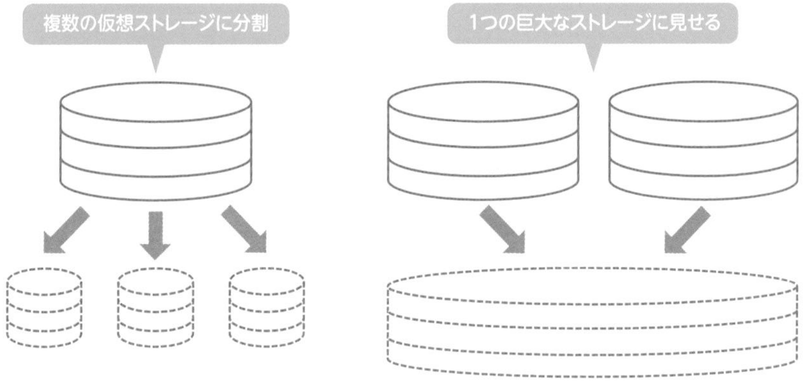

デスクトップ仮想化は、デスクトップ環境を仮想化する技術です。仮想化されたデスクトップはサーバー上で動作しており、ネットワーク越しにアクセスして使用します。操作自体は自分のパソコン上で行いますが、作成したファイルやインストールしたアプリケーションは、すべてサーバー上に保存されるので、セキュリティが向上します。またデスクトップ仮想化を使うと、自宅のパソコンと会社のパソコン両方から同じデスクトップにアクセスすることが可能です。

■デスクトップ仮想化

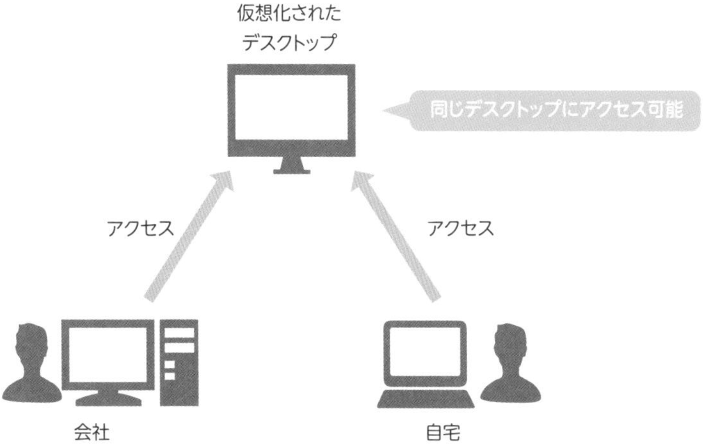

同様のしくみで、アプリケーションのみをネットワーク越しにアクセスして使用する**アプリケーション仮想化**もあります。

まとめ

- 仮想化には大きく「サーバー仮想化」と「ネットワーク仮想化」の2つがある
- サーバー仮想化は物理的なサーバー上に仮想的なサーバーを構築する技術
- ネットワーク仮想化は物理的なネットワーク機器を隠ぺいして仮想的なネットワークを構築する技術

03 仮想化のメリットとデメリット
～効率・運用性から見た物理環境との比較

何かサービスを作る際は常に「仮想化」を用いればよいかというと、そういうわけではありません。仮想化におけるメリットとデメリットを理解し、どのような環境で仮想化を利用するべきかを見極めることが必要です。

仮想化のメリット

サーバー仮想化のメリットについて見てみましょう。仮想化していない場合にサーバーが故障したら、代わりのサーバーを新たに用意する必要があります。サーバーの購入費用がかかるうえ、そのサーバーに対してアプリケーションをインストールし直さなければなりません。そのサーバーの環境構築が複雑であればあるほど、障害を復旧するまでに多くの時間がかかってしまいます。

■ 仮想化していない場合の障害発生

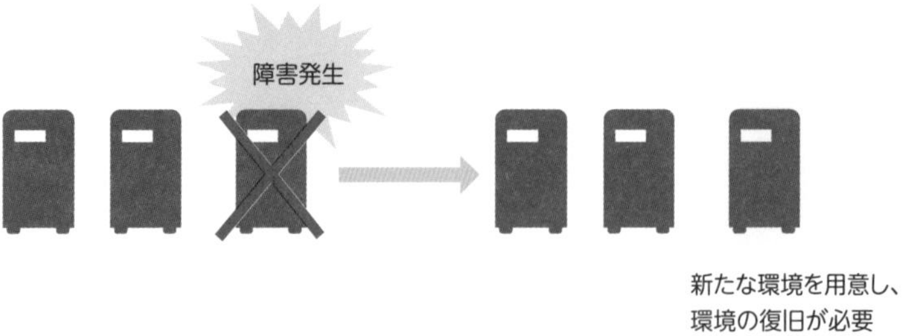

これに対し、仮想サーバーはソフトウェア、つまりデータでできているので環境のバックアップが容易です。仮想サーバーごとバックアップすることが可能なため、仮想サーバーに障害が発生した場合でも、以前のバックアップから環境をコピーすることでかんたんに復元できます。また、物理サーバーのディスク領域がひっ迫しはじめた場合でも、仮想サーバーを他の外部ディスク上にバックアップすることができます。

ちなみに、仮想サーバーにインストールされているOSやその他のソフトウェア、および仮想サーバーを構成する仮想的なCPUやメモリ、ディスク容量などは、1つのファイルとしてパッケージ化されています。これを**カプセル化**といいます。そのため、仮想サーバーを他の外部ディスク上にバックアップする場合でも、カプセル化された1つのファイルをコピーするだけで済みます。

■ 仮想化している場合の障害発生

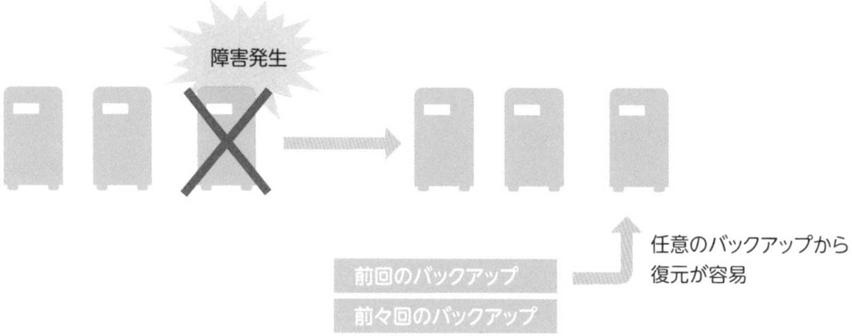

仮想サーバーはデータなので、CPUやメモリなどを必要に応じて増減させて、スペックを変更することができます。また、コピーや削除も容易です。いくつでもコピーできるので、完全に同じ環境の仮想サーバーを複数生成し、さらに同時に起動することも可能です。このように、サーバーの性能を上げるためにサーバーそのもののスペックを増強することを**スケールアップ**、サーバーの台数を増やすことを**スケールアウト**、減らすことを**スケールイン**といいます。

■ 仮想サーバーはコピーや削除が容易

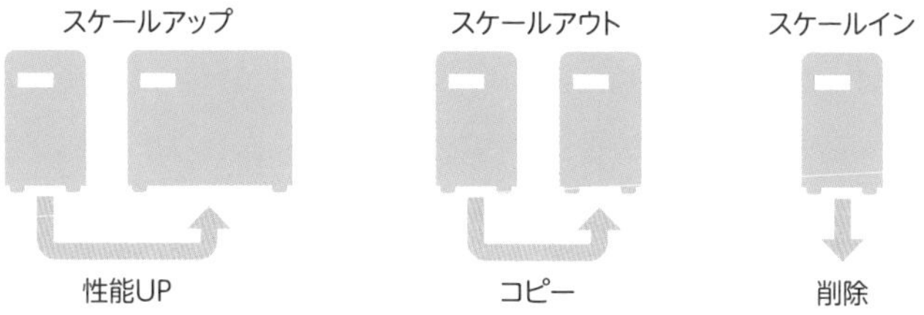

ネットワーク仮想化のメリットも見てみましょう。ネットワーク仮想化は、ネットワーク機器の物理的な構成にとらわれず、ネットワーク構成を柔軟に変更することができます。また、ネットワークの設定をソフトウェアで行うことができるので、ネットワーク機器の管理や保守が容易になります。ネットワーク構築に必要なハードウェアにかかるコストが削減できることや、物理的な配線の複雑さを回避できることもメリットです。

■ ネットワーク仮想化のメリット

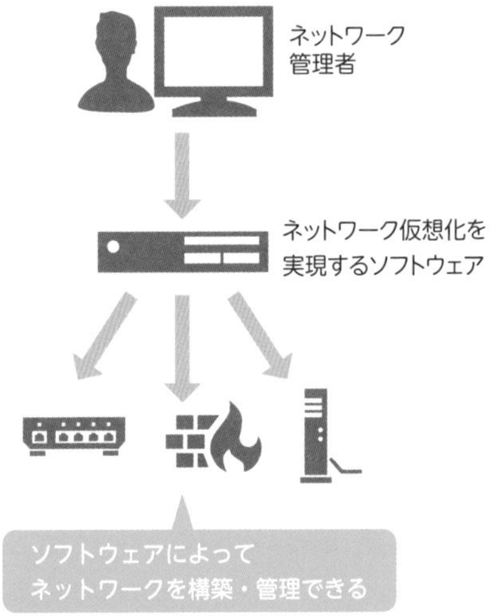

仮想化のデメリット

仮想化のデメリットは、サーバー仮想化およびネットワーク仮想化ともに、通常のサーバー／ネットワーク管理に加えて、専門的知識が必要となることです。また、仮想サーバーの場合、仮想サーバーの稼働率は仮想サーバー単体の稼働率だけではなく、物理サーバーの稼働率も加味しなければなりません。**物理サーバーが動かなければ、当然仮想サーバーも動かなくなる**からです。先ほども述べたように、仮想化は障害に強いというメリットがあります。しかし、物理サーバーに障害が発生すると、そのサーバー上で稼働している仮想サーバーすべてに影響が出てしまうという可能性もあるのです。

また、仮想化の導入や維持によってコストが発生しますが、結局は仮想化しないほうが費用対効果の面においてお得な場合もあります。小規模なサービスや障害発生時の業務インパクトが小さいシステムに、無理に仮想化を使う必要はありません。それは、ネットワーク仮想化においても同様です。仮想化のために必要となるコストが、提供するサービスとの費用対効果にそぐわないものとなっていないか、仮想化の導入前に十分な検討が必要です。

■仮想化による費用対効果の見極めが必要

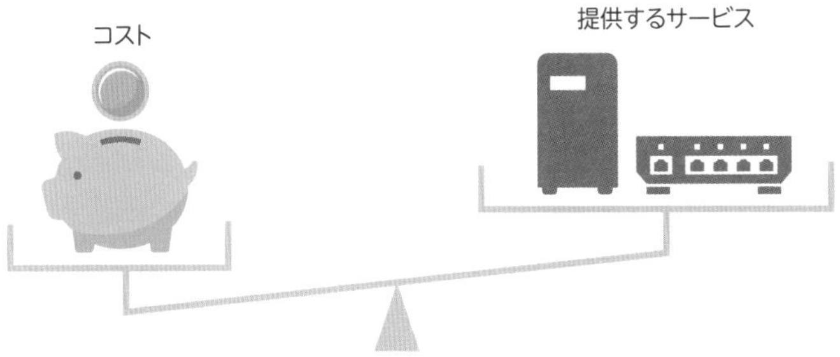

まとめ

- サーバー仮想化には障害が発生しても環境の復旧が容易などのメリットがある
- ネットワーク仮想化ではネットワーク構成を柔軟に変更することができ、ネットワーク機器の管理や保守が容易などのメリットがある
- 仮想化に必要なコストが費用対効果にそぐわないものとなっていないかを検討する必要がある

04 仮想化とクラウド
～クラウドは仮想化によって支えられている

今では一般的な用語になった「クラウド」は、仮想化技術によって成り立っています。ここでは、クラウドの概要と、仮想化がどのように活用されているのかを見ていきましょう。

クラウドとは

クラウドは、**仮想化技術によって構築されたインフラや、その上に構築されたサービス**のことです。クラウドはインターネット経由でアクセスが可能です。ユーザーは、インフラやソフトウェアを持たなくても、インターネットを通じてさまざまなインフラやサービスを利用することができます。

実にさまざまなクラウドサービスが提供されており、有名なクラウドサービスとしては、Amazon社のAmazon Web Services（以降、AWS）、Google社のGoogle Cloud Platform（以降、GCP）、Microsoft社のMicrosoft Azure（以降、Azure）があります。クラウドはサービスの提供形式によって、一般的に、SaaS（サーズ）、PaaS（パーズ）、IaaS（イアース）の3つに分類されます。

SaaS（Software as a Service）は「ソフトウェア（アプリケーション）として提供されるクラウドサービス」です。SaaSのユーザーは、すでに製品として完成されているサービスを利用します。GmailやSNSのように、アプリケーションとして完成された形で提供されているサービスは、SaaSに該当します。

PaaS（Platform as a Service）は「プラットフォームとして提供されるクラウドサービス」です。PaaSは、完成したアプリケーションではなくその構築に必要となるストレージなどを提供するもので、ユーザー自らがアプリケーションを構築して利用することを想定しています。

IaaS（Infrastructure as a Service）は「インフラとして提供されるクラウドサービス」です。IaaSは、データベースやインターネットなどの環境構築もユーザーが行うことで、開発における自由度がPaaSよりも高い反面、より専門的な知識が必要です。

■ SaaS、PaaS、IaaS

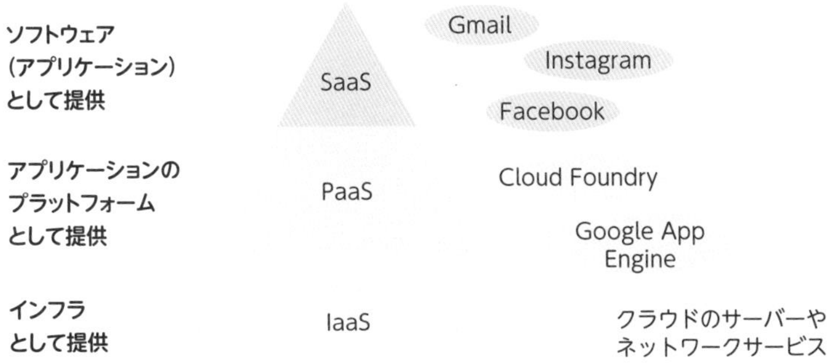

クラウドを支える仮想化技術

Microsoft社のOneDriveは、クラウドのオンラインストレージサービスです。ここではOneDriveを例に、クラウドを支える仮想化技術について見ていきましょう。OneDriveは、Microsoftアカウントを作成することで、1人あたり5GBのストレージ（ディスク容量）を無料で利用できるサービスです。先ほどの図でいえば、SaaSに該当します。オンラインストレージサービスは、ほかにもさまざまな種類があります。たとえば、Dropbox社のDropbox、Google社のGoogleドライブなどです。

■ OneDrive

OneDrive（https://onedrive.live.com/about/ja-jp/）

こういったオンラインストレージサービスは、ユーザーごとに決まったストレージ容量を確保しているわけではありません。OneDriveでいえば、ユーザー1人あたりに5GBを提供していますが、ユーザー数×5GBのストレージ領域が確保されているわけではありません。しかしユーザーからすると、次の図のように、各々に5GBのストレージが割り当てられているように見えます。

■ ユーザーから見たストレージイメージ

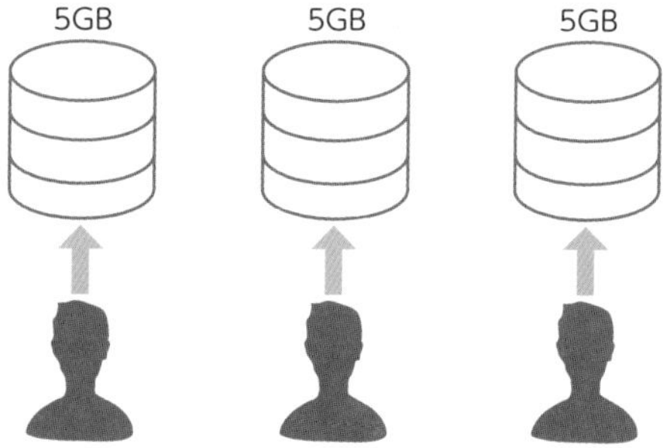

　実際は、あらかじめ用意されているストレージから、必要に応じてユーザーごとにストレージ領域を割り当てています。このように、物理的なストレージ領域とは異なる論理的な領域を見せるには、ストレージ仮想化と呼ばれる技術が使用されています。各々のユーザーが5GBを超過しないように管理され、共有ストレージがあたかもユーザーごとに用意されているストレージのように、見えているだけです。そのほうが、5GBに満たないユーザーのストレージ領域も有効に活用できます。

■ 実際のストレージイメージ

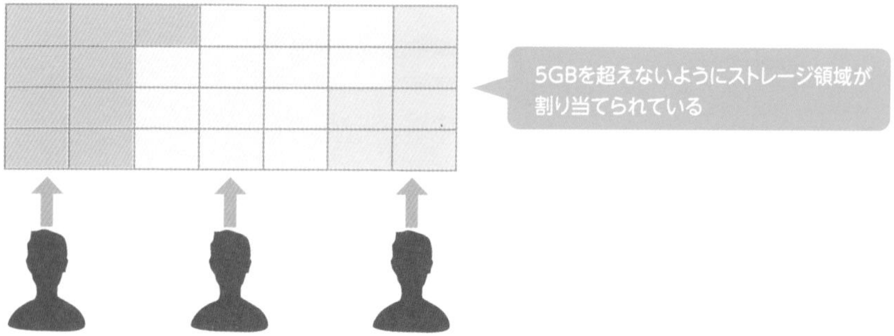

クラウドで利用されている仮想化技術は、ストレージ仮想化だけではありません。接続先のサーバーに関しても仮想化されており、ユーザーには接続先のサーバーが1つに見える場合でも、実際は複数のサーバーが役割を担っています。その目的は、役割分散、負荷分散、リスク分散などがあります。

クラウドを支える分散処理技術

クラウドを支える技術には、仮想化のほかに**分散処理**があります。分散処理とは、複数の機器に処理を分散させることです。処理を分散させることで、処理の高速化や、1台あたりの機器における負荷を軽減することが可能です。クラウドの、大量データの処理や柔軟なリソース管理は、仮想化と分散処理によって支えられているのです。

■ 分散処理

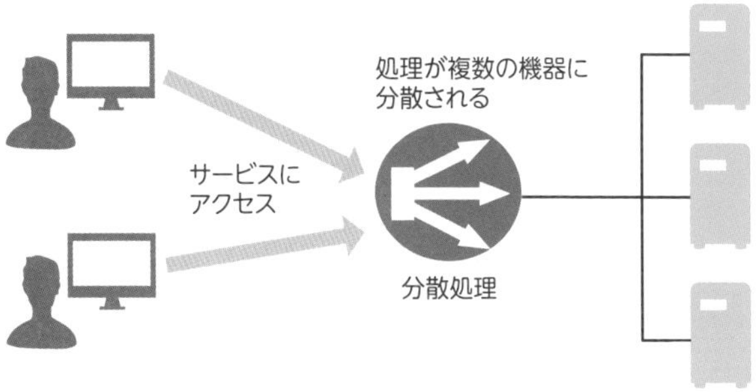

まとめ

- クラウドとは仮想化技術によって構築されたインフラやその上に構築されたサービスのこと
- クラウドは一般的にSaaS、PaaS、IaaSの3つに分類される
- クラウドは仮想化と分散処理によって支えられている

05 クラウドのセキュリティ
～安全性は高いがクラウドならではのリスクもある

クラウドはインターネットを介してさまざまなサービスを提供しており安全性も高いですが、リスクも存在します。クラウドならではのリスクをきちんと認識しておきましょう。

クラウドのセキュリティ

クラウドサービスのセキュリティはとても高いです。最新のセキュリティ対策がされており、適切に管理・運営がされています。またクラウドサービスなら、OSやセキュリティ対策ソフトを最新にしておくことをうっかり忘れてしまう危険性もありません。しかし、クラウドは便利な反面、クラウドならではのリスクが存在します。たとえば、クラウドがまるごと悪意を持った者に乗っ取られてしまうと、ホストコンピューターにまで侵入されてしまう可能性もあります。

実際に発生した脆弱性の例

実際に起きた事例を見てみましょう。2015年5月13日、米セキュリティ対策企業のCrowdStrike社によって公表され、VENOM（ヴェノム。Virtualized Environment Neglected Operations Manipulationの略）と名づけられた脆弱性は、クラウドサービス全体が乗っ取られてしまう、非常に危険度の高い脆弱性でした。

VENOMは、仮想化の中でも、後述する「ハイパーバイザ型」の仮想化に関連する脆弱性です。まず攻撃者は、攻撃の対象とするクラウドサービスのユーザーとして利用を開始します。そして仮想サーバーの管理者としてログインし、仮想フロッピーディスクドライブの脆弱性に攻撃をしかけます。その脆弱性はバッファオーバーフローと呼ばれ、そこからゲストOSだけでなく、そのゲストOSを搭載するホストOSにまで攻撃範囲を広げることができます。

実際、日本国内のいくつかのレンタルサーバー会社も、VENOMの被害を受けています。仮に脆弱性が及ぼす影響がホストコンピューターにまで及んだ場合、その上に構築されたすべての仮想化環境が、被害を受ける可能性があります。

■ すべてのクラウド利用者に被害が及ぶ可能性がある

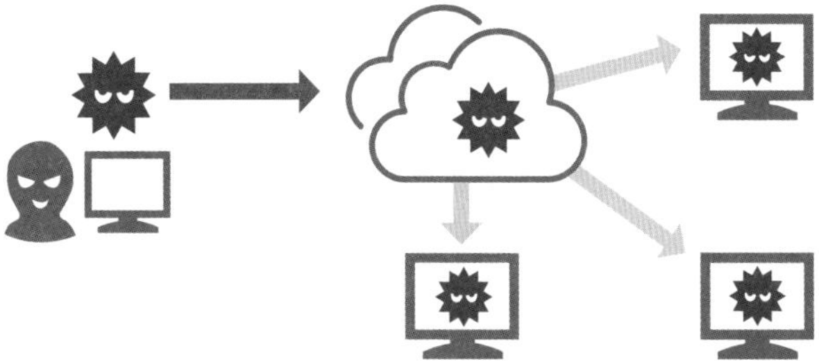

利便性とセキュリティ問題のトレードオフ

前述のオンラインストレージを利用するユーザーに関しても、オンラインストレージを利用しているすべての端末でマルウェア(悪意があるソフトウェア)に感染しやすくなってしまうというデメリットがあります。利便性と表裏一体の脅威といえるでしょう。クラウドサービスの提供者は、高いセキュリティ対策の技術を持ち、最新の脆弱情報に常に目を向けておく必要があります。また、クラウドサービスを利用する場合でも、自社内にセキュリティの管理者を置き、万が一クラウドサービスに障害が発生してもきちんとした対処が取れるように、人材を育成しておく必要があるでしょう。

まとめ

- **クラウドサービスのセキュリティはとても高いがクラウドならではのリスクもある**
- **仮想化によって高まった利便性により被害が甚大となる場合があるため、最新の脆弱情報に目を向けておく必要がある**

COLUMN デジタルトランスフォーメーションと仮想化

デジタルトランスフォーメーション（Digital Transformation、略して「DX」）は、「IT技術が進化し、それが人々の生活に深く浸透するようになってくれば、よりよい環境に向かっていく」という概念です。このデジタルトランスフォーメーションには、クラウドが深くかかわっています。

デジタルトランスフォーメーション以前は、個人情報がさまざまな機関個別に管理されているため、個人は各々の機関に対して個人情報の登録を行う必要がありました。

これに対し、デジタルトランスフォーメーション以降は、デジタル化された個人情報が、各機関においてシームレスに共有されるようになります。その個人が本人であることが認証できれば、各々の機関で個人情報を登録する必要はなく、共通の個人情報を使いまわすことができます。住所が変更となった場合でも、各々の機関に個別に申請する必要はないのです。

これらの技術は、クラウドによって提供されており、このクラウドこそが、仮想化による恩恵といえるでしょう。

■ デジタルトランスフォーメーションによるデータ共有

クラウドのデータベースがさまざまな箇所とつながり、データを共有し、更新できる環境。サーバーやネットワークを仮想化して共有することで成り立つ新時代、これこそがIT技術の進化とともに我々の暮らしをよくしていく時代、デジタルトランスフォーメーションという概念なのです。

2章

仮想化のしくみと技術

本章では、仮想化の代表的な例である「サーバー仮想化」と「ネットワーク仮想化」のしくみについてもう少し詳しく見ていきましょう。それぞれの技術の違いや目的をきちんと把握することが、仮想化を理解する近道です。

06 サーバー仮想化のしくみ ～物理サーバーに複数の仮想サーバーを構築

本章では、仮想化のしくみや技術について詳しく説明します。まずは、第1章でも紹介した「サーバー仮想化」について見ていきましょう。「サーバー仮想化」には、大きく3つの種類があります。

サーバー仮想化とは

サーバー仮想化とは、物理サーバー上に、仮想的なサーバーを構築する技術のことです。第1章で説明したサーバー仮想化は、実は**ホストOS型仮想化**といって、サーバー仮想化の種類の1つです。サーバー仮想化にはほかに、**ハイパーバイザ型仮想化**と**コンテナ型仮想化**があります。

この3種類のサーバー仮想化について大まかな構成を見ると、ホストOSとゲストOSの有無がそれぞれ異なります。**ホストOS**は物理サーバーに直接インストールするOSを指し、**ゲストOS**は仮想サーバーにインストールするOSを指します。

■ 3種類のサーバー仮想化

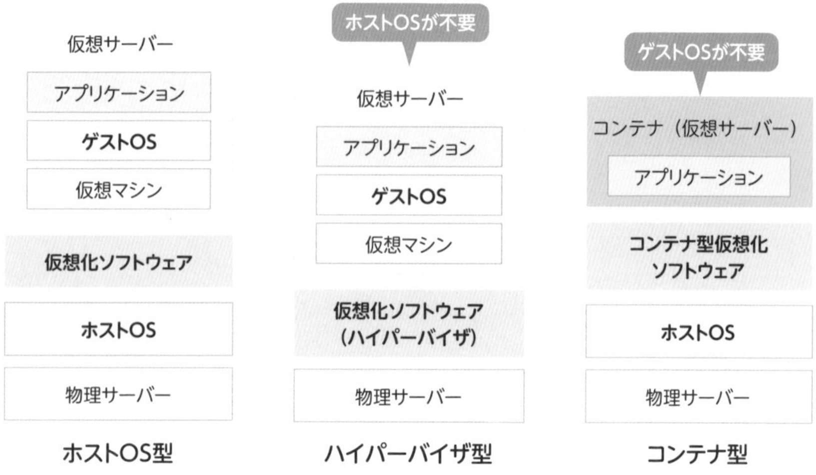

サーバー仮想化の種類

3種類のサーバー仮想化については次節以降で解説していきますが、ここでは概要を紹介します。

1つ目のホストOS型は、ホストOS上で仮想サーバーを動かします。Windows上でLinuxを利用する、もしくはMac上でWindowsを利用するといった、サーバー構築以外の用途でも使われます。

2つ目のハイパーバイザ型は、ホストOSの一部機能を仮想化ソフトウェアが代行することにより、ホストOSを省いてメンテナンス性を高めたものです。

3つ目のコンテナ型は、使用リソースが低く柔軟性が高いため、Webアプリケーションの開発・運用環境として広く利用されています。その反面、コンテナを活かすためには、「アプリケーション単位で仮想化する」という考え方やそのメリットを理解する必要があります。

■ サーバー仮想化の種類

種類	概要
ホストOS型	物理サーバーにインストールされたホストOS上で仮想サーバーを動作させる。代表的なソフトウェアはVirtualBox
ハイパーバイザ型	ホストOSなしで動作するハイパーバイザと呼ばれる仮想化ソフトウェアを利用する。ホストOSがない分、ホストOS型よりメンテナンス性が高いとされる。代表的なソフトウェアはHyper-V
コンテナ型	コンテナという、アプリケーションと実行環境をまとめて隔離するしくみを利用し、OS単位ではなくアプリケーション単位で仮想化する。仮想マシンやゲストOSがなくなり、コンテナ同士を組み合わせて利用する。代表的なソフトウェアはDocker

まとめ

- **サーバー仮想化は物理サーバー上に仮想的なサーバーを構築する技術**
- **サーバー仮想化にはホストOS型仮想化、ハイパーバイザ型仮想化、コンテナ型仮想化の3つがある**

07 ホストOS型仮想化 ～ホストOS上で複数のゲストOSが動作

サーバー仮想化のうちの1つである「ホストOS型仮想化」は、ホストOS上で仮想サーバーを動作させます。仮想化としてはもっともイメージしやすく、かつかんたんに試すことができます。

ホストOS型仮想化とは

ホストOS型仮想化は、**物理サーバーにOSがインストールされており、その上で仮想サーバーを動作させる技術**です。そのOSに対して、ホストOS型仮想化ソフトウェアをインストールします。たとえば、ホストOSをLinuxとし、その仮想化ソフトウェア上に、ゲストOSとしてWindowsを動作させることが可能です。どのようなゲストOSが動作できるかは、ホストOSにインストールしたホストOS型仮想化ソフトウェアの種類によります。

■ ホストOS型仮想化

ホストOS型仮想化ソフトウェア

ホストOS型を実現する仮想化ソフトウェアには、いくつか種類があります。ここでは、主なホストOS型仮想化ソフトウェアを紹介します。

■主なホストOS型仮想化ソフトウェア

製品名	提供元	プラットフォーム	概要
Hyper-V	Microsoft	Windows	Windows 8以降のWindows OSのProにプレインストールされている。ハイパーバイザ型にも同じ名前の製品があるが、Windows Server製品でないものはホストOS型
VMware Workstation Player	VMware	Windows、Linux	商用利用でなければ無償で利用可能
VMware Horizon	VMware	Windows、Linux	有償だが、オンプレミスにもクラウドにも対応している
VMware Fusion	VMware	Mac	VMwareのMac版。ゲストOSにWindowsを実行可能。通常版とProfessional版があるが、どちらも有償
VirtualBox	Oracle	Windows、Linux、Mac	Open Source Software (OSS) として提供。無償で商用利用も可能だが、低スペックのマシンであれば、上述のVMWare Workstation Playerのほうが快適に動作する
Parallels Desktop	Parallels	Mac	MacでWindowsを実行する場合に利用

まとめ

- **ホストOS型仮想化は物理サーバーにOSがインストールされており、その上で仮想サーバーを動作させる技術**
- **どのようなゲストOSが動作できるかはホストOSにインストールしたホストOS型仮想化ソフトウェアの種類による**

08 ハイパーバイザ型仮想化
～ホストOSを必要としないサーバー仮想化

サーバー仮想化のうちの1つである「ハイパーバイザ型仮想化」は、ホストOSを必要としません。つまり、物理サーバーにOSをインストールする必要がなく、仮想化ソフトウェアもホストOS型仮想化のしくみとは異なります。

ハイパーバイザ型仮想化とは

ハイパーバイザ型仮想化は、物理サーバーにOSをインストールする必要がなく、代わりに**ハイパーバイザと呼ばれる仮想環境を管理するソフトウェアを物理サーバーにインストール**します。物理サーバーにOSが不要なため、その分のOSのライセンス料金が不要となるメリットがあります。

ハイパーバイザ型仮想化は、比較的規模の大きい仮想環境の構築に使用されます。また、ホストOSがなくゲストOSで直接制御するため、実機のリソースを活用しやすいというメリットもあります。ただし、すでに本稼働している物理サーバーがあれば、その上に仮想環境を構築してホストOS型仮想化を選択するケースもありますし、1から仮想環境を構築するのであれば、ハイパーバイザ型仮想化を選択するケースもあります。

■ ハイパーバイザ型仮想化

ハイパーバイザ型仮想化ソフトウェア

ハイパーバイザ型を実現する仮想化ソフトウェアにも、いくつか種類があります。ここでは、主なハイパーバイザ型仮想化ソフトウェアを紹介します。

■主なハイパーバイザ型仮想化ソフトウェア

製品名	提供元	概要
Hyper-V	Microsoft	Windows Server専用のソリューション。Windows ServerのEditionの違いにより、仮想化できる環境の数に違いがある
VMware vSphere	VMware	いくつかのEditionが存在し、Editionごとに機能と値段に違いがある。VMware Workstation Playerと違い、無償では利用できない
Xen	OSS	OSS（Open Source Software）でGPLライセンスで公開されており、無償。販売目的でなければ商用利用も可能
KVM	Linux カーネル	Linuxのカーネル2.6.20以降に標準搭載されている。ゲストOSとして、Windowsも利用可能

まとめ

- **ハイパーバイザ型仮想化は物理サーバーにOSが不要でありハイパーバイザ型仮想化ソフトウェア上で仮想サーバーを動作させる技術**
- **ホストOSがなくゲストOSで直接制御するため実機のリソースを活用しやすい**

09 コンテナ型仮想化
～アプリケーションごとに独立した空間を構築

本節では、同じくサーバー仮想化である「コンテナ型仮想化」について説明します。Webアプリケーションの構築環境として人気が集まっており、本書の後半でも重点的に取り扱います。

コンテナ型仮想化とは

コンテナ型仮想化は、**「コンテナ」というアプリケーションと実行環境をまとめて隔離するしくみを利用し、OS単位ではなくアプリケーション単位で仮想化する技術**です。コンテナ型仮想化ではゲストOSを使用せず、ホストOS上にコンテナ型仮想化ソフトウェアをインストールします。

コンテナ型仮想化の最大のメリットは柔軟性にあります。たとえば、ほかのサーバー仮想化技術で仮想サーバーを増やす場合、ゲストOSとアプリケーションのインストールを行う必要がありますが、コンテナ型仮想化ではコンテナを作成し、そこにアプリケーションを導入するだけで仮想サーバーを用意できます。インストールなどの手間が大幅に減ることに加え、仮想マシンやゲストOSを動かす必要がない分、パフォーマンスも高くなります。

■ コンテナ型仮想化

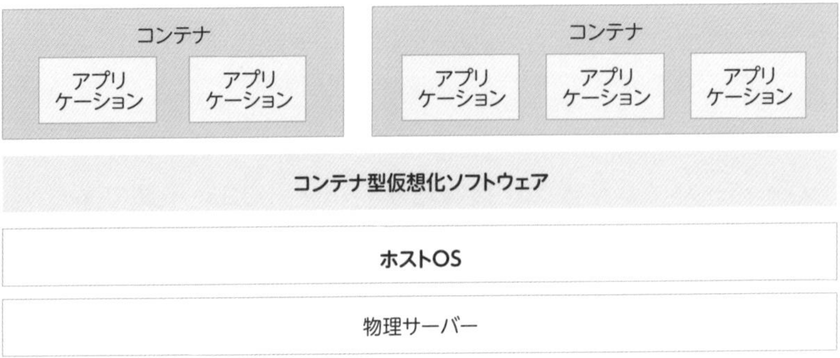

コンテナには複数のアプリケーションを導入することもできますが、原則的に、**1コンテナに1アプリケーション（1プロセス）**単位で構築し、複数のコンテナを組み合わせたほうがよいとされます。コンテナの作成コストは非常に低いため、複雑なコンテナを1つ作るより、シンプルなコンテナを複数作るほうが手間がかからず、あとからの設計変更などもしやすいからです。

■ コンテナの利用方法

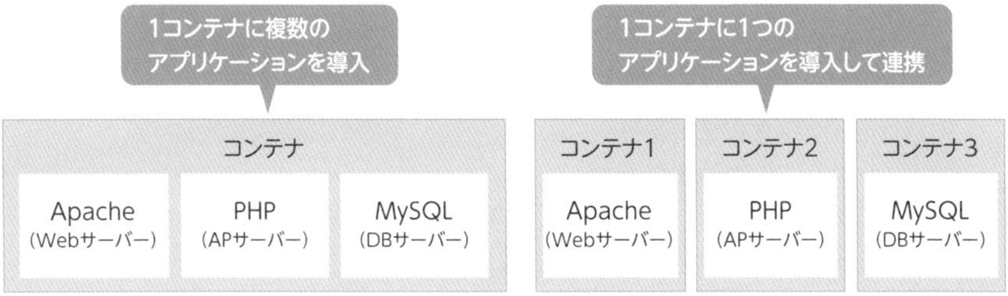

コンテナ型仮想化ソフトウェアの代表〜Docker

コンテナ型仮想化といえば、**Docker**が有名です。Dockerは、Docker社が開発したOSSのコンテナ型仮想化ソフトウェアです。また、アプリケーションを導入済みのコンテナイメージを集めたDocker Hubというサービスもあり、そこからダウンロードするだけで必要なコンテナをかんたんに用意できます。Dockerについては、第4章で詳しく解説します。

まとめ

- コンテナ型仮想化は「コンテナ」というしくみを利用しOS単位ではなくアプリケーション単位で仮想化する技術
- 複数のコンテナを組み合わせて環境を構築することが可能
- コンテナ型仮想化の代表的なソフトウェアはDocker

10 クラウドのサーバー仮想化 ～主要クラウドのサーバー仮想化サービス

クラウドでは、さまざまなサーバー仮想化サービスが提供されています。そのクラウドで提供されているほかのサービスと、連携しやすいのがメリットです。ここでは、代表的なクラウドのサーバー仮想化サービスを紹介します。

Amazon EC2

Amazon Web Services（AWS）のサーバー仮想化サービスは、**Amazon Elastic Compute Cloud（Amazon EC2）**です。Amazon EC2は、AWSのストレージサービスであるAmazon Simple Storage Service（Amazon S3）と連携して使用できます。また、利用目的に応じて最適な仮想マシンのスペック（「インスタンスタイプ」と呼ばれています）を選択できます。仮想マシンとして利用可能なOSの種類は、Amazon Linux（Amazon社が開発したLinux OS）やCentOS、Debian、Windows Serverなどです。

■ Amazon EC2

Amazon EC2（https://aws.amazon.com/jp/ec2/）

GCE

Google Cloud Platform（GCP）のサーバー仮想化サービスは、**Google Compute Engine（GCE）**です。Amazon EC2と同様、利用目的に応じて最適な仮想マシンのスペック（「マシンタイプ」と呼ばれています）を選択できます。仮想マシンとして利用可能なOSの種類は、CentOS、Debian、Windows Serverなどです。

Virtual Machines

Microsoft Azure（Azure）のサーバー仮想化サービスは、**Virtual Machines**です。Amazon EC2やGCEと同様、利用目的に応じて最適な仮想マシンのスペック（「シリーズ」と呼ばれています）を選択できます。仮想マシンとして利用可能なOSの種類は、CentOS、Debian、Windows Serverなどであり、SQL Serverの利用とともに申し込みが可能です。

■ GCE

■ Virtual Machines

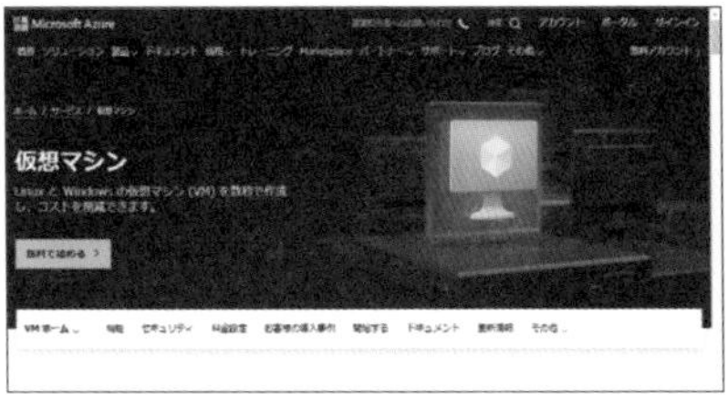

GCE（https://cloud.google.com/compute?hl=ja）
Virtual Machines（https://azure.microsoft.com/ja-jp/services/virtual-machines/）

まとめ

- **AWSのサーバー仮想化サービスはAmazon EC2**
- **GCPのサーバー仮想化サービスはGCE**
- **Azureのサーバー仮想化サービスはVirtual Machines**

11 ネットワーク仮想化のしくみ
～物理構成とは異なる論理的なネットワークを構築

第1章で説明したとおり、仮想化には大きく分けて「サーバー仮想化」と「ネットワーク仮想化」の2つがあります。本節からは、ネットワーク仮想化のしくみと技術について解説します。

ネットワーク仮想化とは

ネットワーク仮想化とは、**物理的なネットワーク構成とは異なる論理的なネットワーク構成**を表現する技術です。たとえば、2つの離れた物理的なネットワークを、1つのネットワーク上にすべてが構築されているかのように見せることができます。ネットワークの構築も、物理的な配線を変えることなく、ソフトウェア上の設定で行うことができます。

具体例を挙げると、同じフロアの部署ごとにネットワークを分割させたり、逆に異なる事業所のネットワークを1つに統合して共同作業しやすくしたりするといった構成変更が、ソフトウェア的な設定で行えます。また、クラウドでもネットワーク仮想化のサービスは多数提供されており、仮想的なルーターなどを組み合わせて要求に合わせたネットワークを構築できます。

■ ネットワーク仮想化

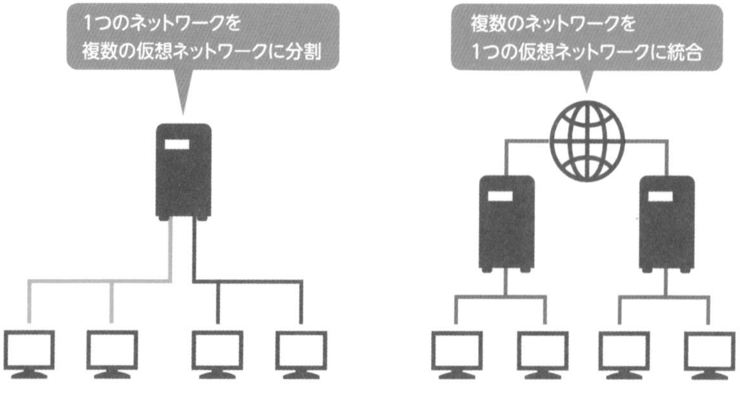

ネットワーク仮想化の技術

ネットワーク仮想化は、1つのソフトウェアで実現するものではなく、いくつかの技術やソフトウェアの組み合わせによって実現します。それらのネットワーク仮想化を支える技術について、本書では以下の用語を解説します。詳しくは次節以降で解説しますが、ここでは概要を紹介します。

■ネットワーク仮想化の技術

種類	概要
VLAN	仮想化されたLAN環境を構築する技術。1つのLAN環境をあたかも複数のLAN環境で構成されているかのように見せることができる。たとえば、「営業部と開発部でネットワークを分ける」といったことが可能
オーバーレイネットワーク	VLANよりもさらに柔軟に仮想的なネットワーク構成を実現するための技術。VLANほど細かな設定はできないが、VLANよりも大規模なネットワーク仮想化に向いている
VPN	仮想的なプライベートネットワークを構築する技術。仮想的な専用線を通じて、離れた拠点間のデータ通信であっても、あたかも同一LANのようにネットワーク環境を構築することができる
SDN	ソフトウェアによってネットワークの各種設定を行う技術全般のこと
OpenFlow	SDNを実現するための具体的な技術の1つ。仮想化されたネットワーク機器は、OpenFlowコントローラというソフトウェアによって管理する
NFV	SDNを補完するための技術。スイッチやルーターなどのネットワーク機器を仮想化することができ、その設定をソフトウェアによって制御することが可能
SD-WAN	ソフトウェアによってWANを定義する技術

まとめ

- **ネットワーク仮想化は物理的なネットワーク構成とは異なる論理的なネットワーク構成を表現する技術**
- **ネットワーク仮想化の技術にはVLANやSDNなどがある**

12 VLAN ～仮想的なLAN環境を構築

VLANとは、Virtual LAN（仮想LAN）の略語であり、ネットワーク仮想化の代表的な技術の1つです。LAN（Local Area Network）を仮想的に分割できるので、部署やフロアごとにLANを分けるといったことが可能です。

VLANとは

VLAN（Virtual LAN）とは、**物理的なネットワーク（LAN）を分割して、複数の論理的なネットワークを構築する技術**のことです。LANとは、企業や学校などの小規模な集合で構築されている、ネットワーク通信網のことで、同じネットワーク通信網に存在する端末同士でファイルをやりとりしたり、プリンタやスキャナなどのハードウェアを共有して利用したりすることができます。VLANは、このLANを物理構成とは異なる構成で構築する技術です。

VLANの実装として一般的な技術は**ポートVLAN**です。ポートVLANはポートごとに番号を付けてグループ分けします。異なる番号のポート間は通信ができないため、仮想的にネットワークを分割することができます。

■ ポートVLAN

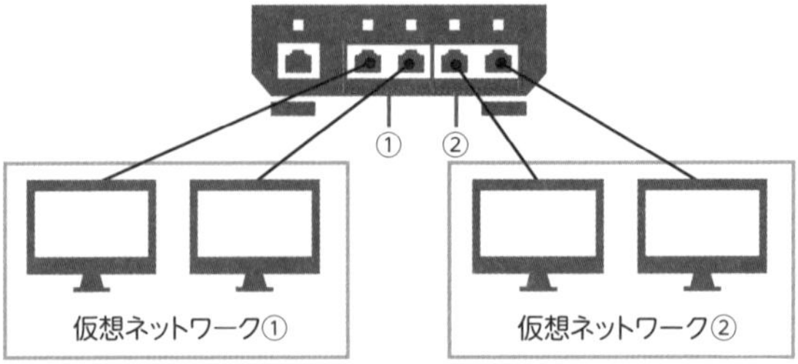

複数のスイッチ間でVLANを構成するときに使われる技術が**タグVLAN**です。タグVLANは、データに対して「タグ」と呼ばれる識別子を付けることで、そのデータの送信先とするグループを特定します。

スイッチ同士を接続する場合、同じ仮想ネットワークのグループ同士をLANケーブルで接続する必要がありますが、タグVLANを使えば1つのポートに流れているデータを、適切なグループに振り分けることができます。もちろん、異なる番号のポート間の通信はできません。

■タグVLAN

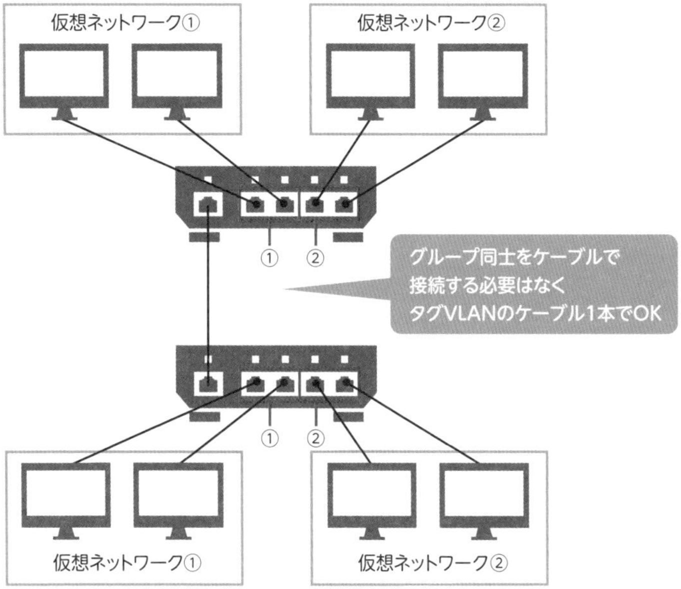

まとめ

- **VLANは物理的なネットワーク（LAN）を分割して複数の論理的なネットワークを構築する技術**
- **ポートVLANはポートごとに番号を付けてグループ分けすることで仮想的にネットワークを分割する技術**
- **タグVLANはデータに対して「タグ」と呼ばれる識別子を付けることでそのデータの送信先とするグループを特定する技術**

13 オーバーレイネットワーク ～VLANの弱点を克服するための技術

仮想的なネットワーク環境を構築する技術に、オーバーレイネットワークという技術もあります。クラウドなど大量の仮想サーバーから構成されるネットワークの構築に適しています。

オーバーレイネットワークとは

オーバーレイネットワークは、先に説明したタグVLANと同じく、仮想的なネットワーク環境を構築するための技術です。サーバー仮想化に伴って多数の仮想サーバーが使われるようになると、VLANの機能だけでは対応しきれなくなります。そうした状況を踏まえて生まれた、ネットワーク仮想化技術の1つなのです。

オーバーレイネットワークでは、物理的なネットワークの上に**仮想スイッチ**を設け、それを利用して仮想ネットワークを構築・制御します。そのため、物理ネットワークの構成を大きく変更することなく、仮想ネットワークの構成を柔軟に変えることができます。

■ オーバーレイネットワークの構造

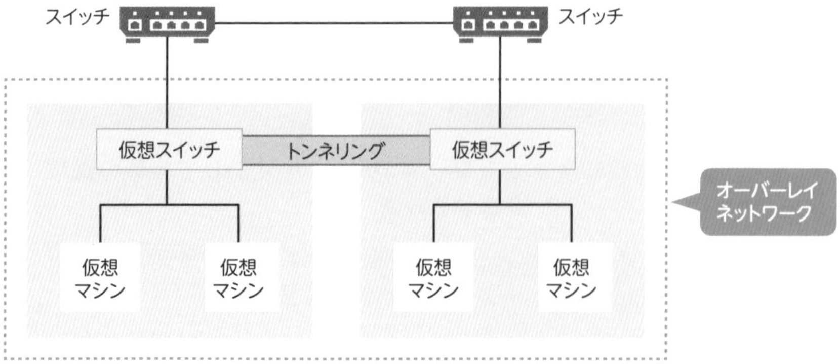

トンネリングとは

仮想スイッチ間の通信では**トンネリング**という技術が使われています。トンネリングとはパケット（通信データ）を別のパケットで包んで送信することで、VPNのための通信の暗号化や、IPv6のパケットをIPv4ネットワークに通す場合など、さまざまな状況で使われています。オーバーレイネットワークにおいては、物理ネットワークの構成に影響を受けることなく、データを目的の仮想ネットワークに届けるために、トンネリングが使われます。

■オーバーレイネットワークにおけるトンネリング

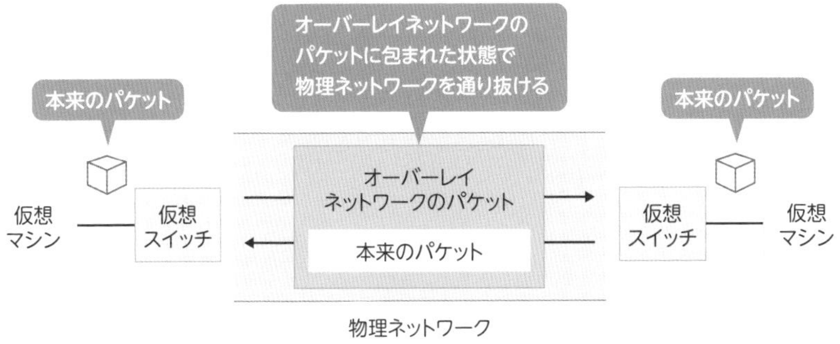

通信する仮想サーバーから見ると、オーバーレイネットワークがあっても、物理的につながったLAN内のマシンと通信する場合と変わりません。仮想スイッチが加えたパケットが、目的の仮想サーバーがつながっている仮想スイッチまで送り届けてくれます。

まとめ

- **オーバーレイネットワークは物理的なネットワークの上に仮想スイッチを設けることで仮想ネットワークを構築する**
- **トンネリングとはパケット（通信データ）を別のパケットで包んで送信すること**

14 VPN ～仮想的な専用線を構築する技術

仮想的なネットワーク環境の具体例として有名なのがVPN（Virtual Private Network）です。インターネット上に仮想的な専用線を構築することで、離れた拠点間でも社内LANの実現が可能です。

VPNとは

VPNは「Virtual Private Network」の略で、その名のとおり仮想的なプライベートネットワークを構築する技術であり、WAN（複数拠点間を結ぶネットワーク網）の一種です。インターネット上に作られた仮想的な専用線を通じて、離れた拠点間のデータ通信であっても、あたかも同一LANのようにネットワーク環境を構築することができます。

離れた拠点間でデータをやり取りする際、データが第三者に盗まれないように専用線を使用する必要がありましたが、VPNを使えば専用線を用意せずともインターネット経由でやり取りできるため、コストの削減にもつながります。このような、インターネット上のVPNをとくに**インターネットVPN**と呼びます。また、通信事業者などが用意する閉域ネットワークを用いた**IP-VPN**もあります。インターネットVPNと比較して、より安全な通信が行える分、コストはかかります。

■ VPN

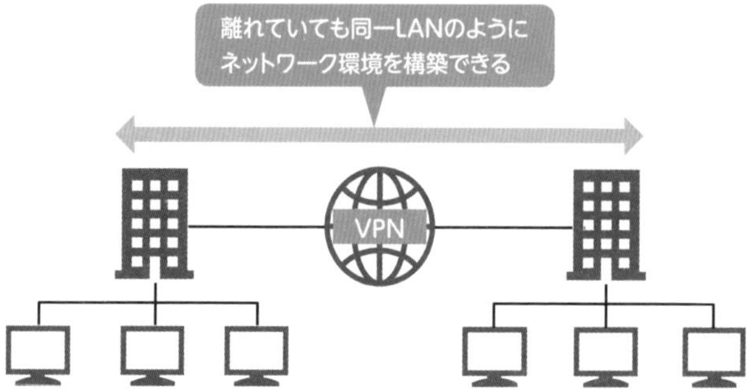

VPNのしくみ

VPNは、前節で解説したオーバーレイネットワークの一種で、VPNでもトンネリングの技術が使われています。離れた拠点間はVPN対応ルーターで接続され、インターネット上（もしくは閉域ネットワーク上）に専用のトンネルが構築されます。これにより第三者からデータを盗まれる危険性はかなり減ります。VPNでは、そのトンネルの内部を暗号化されたデータで送受信しているため、より安全にデータ通信が行えます。データを暗号化する技術としては、おもに**IPSec**が使用されています。

VPNではルーター同士だけでなく、パソコンやスマートフォンなどから接続することもできます。これにより、リモートワークなどで外から会社のLANに接続するといったことが可能となります。

VPNでの接続は、VPN対応ルーターやソフトウェアでのVPN接続設定を行うだけでよいので、トンネリングや暗号化を意識しなくてもかんたんに利用できます。

■ VPNのしくみ

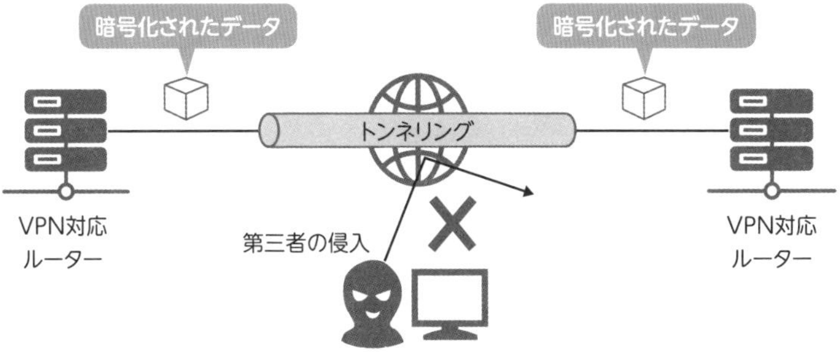

まとめ

- **VPNは仮想的な専用線を構築する技術**
- **VPNはオーバーレイネットワークの一種**
- **VPNではトンネリングやIPsecなどの技術が使われている**

15 SDN
～ソフトウェアによってネットワークを定義

SDNはソフトウェアによってネットワークの機器や構成を設定・管理する技術です。ネットワーク仮想化に必要不可欠な技術であり、実際の実装例としてはOpenFlowなどがあります。

SDNとは

SDN（Software Defined Network）は、**ソフトウェアによってネットワークを定義する技術**を総称する用語です。実際、「ネットワーク仮想化」は、このSDNと同一として扱われている場合もあり、それだけSDNはネットワークの仮想化に必要不可欠な技術であるといえます。また、SDNを実現するソフトウェアのことを、**SDNコントローラ**といいます。SDNによって、ネットワーク環境を構築する機器をソフトウェアで一括して管理することができるので、管理がしやすく変更に強いネットワークを構築できます。

■SDNの概念

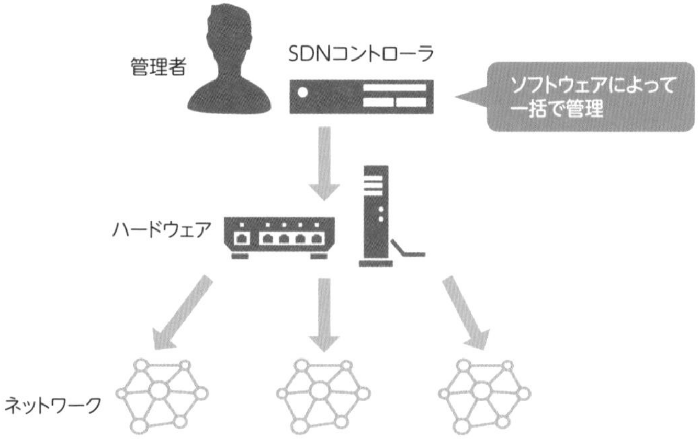

OpenFlowとは

OpenFlowは、SDNを実現する技術の1つです。Openという名前が示すようにオープンソースソフトウェアがもとになっており、**ONF（Open Networking Foundation）**という非営利団体が主体となって普及を推進しています。OpenFlowを導入した場合、ネットワーク機器の設定は各々のネットワーク機器に対して直接行うのではなく、機器の管理を一括で行うソフトウェアである**OpenFlowコントローラ**で行います。ネットワーク管理者は、1つのOpenFlowコントローラを操作することで、複数のネットワーク機器を管理できます。

■OpenFlowによるネットワーク機器の管理

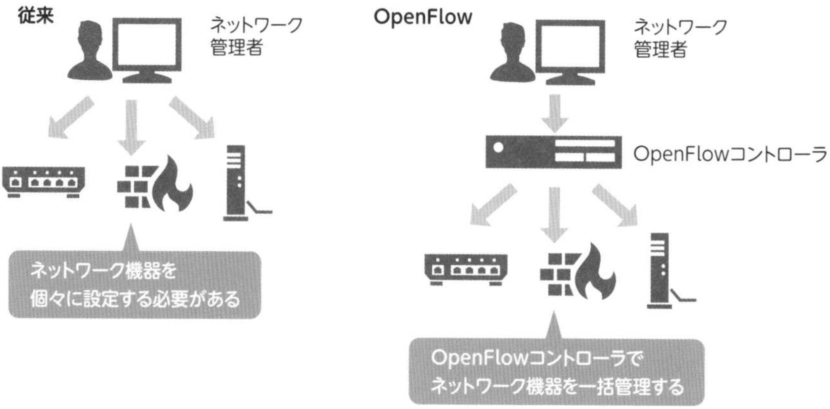

まとめ

- SDNはソフトウェアによってネットワークを定義する技術
- SDNは管理がしやすく変更に強いネットワークを構築できる
- SDNの実装例としてOpenFlowがある

16 NFV ～ネットワーク機器の機能をソフトウェアで実現

本節では、SDNを補完する技術であるNFVについて説明します。SDNを補完する技術なのでSDNとともに説明されるケースが多く、混同されてしまいがちです。ここでよく理解しておきましょう。

NFVとは

NFV（Network Functions Virtualization）は、**ネットワーク機器の機能を仮想環境上でソフトウェアとして実現する技術**です。従来は、ネットワークを構築する場合、ファイアウォールやルーターなどのネットワーク機器を用意する必要がありました。NFVを利用すると、仮想サーバー上にそれらの機器をソフトウェアとして搭載するため、構築後にネットワークを柔軟に変更できます。SDNと混同されがちですが、SDNが「ソフトウェアによるネットワーク定義（管理・構築）」なのに対し、NFVは「ネットワーク機能の仮想化」を指します。

■ NFV

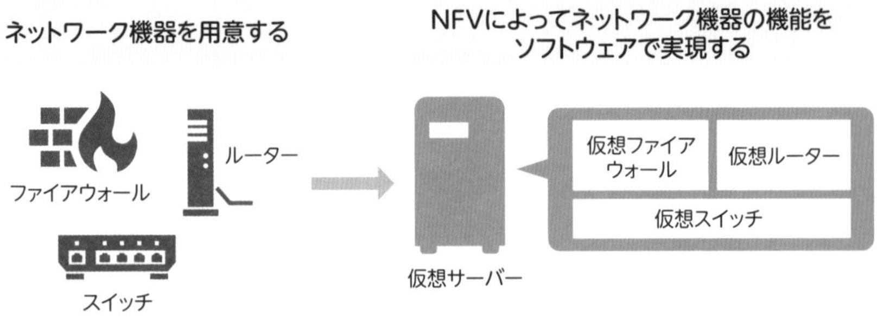

NFVのアーキテクチャ

NFVのアーキテクチャは、次の3つで構成されています。

•VNF (Virtual Network Function)

仮想化されたネットワーク機器を表します。

•NFVI (NFV Infrastructure)

NFVを構成するための物理的なリソースを表し、仮想化されたネットワーク機器を表現するVNFを提供します。

•NFV MANO (NFV Management and Orchestration)

「VNF」と「NFVI」を制御します。オーケストレーション (Orchestration) は第5章で扱うKubernetesでも使用される用語で、多数のソフトウェアや機器などを、オーケストラの指揮者のように統合的に制御することを指します。

■ NFVのアーキテクチャ

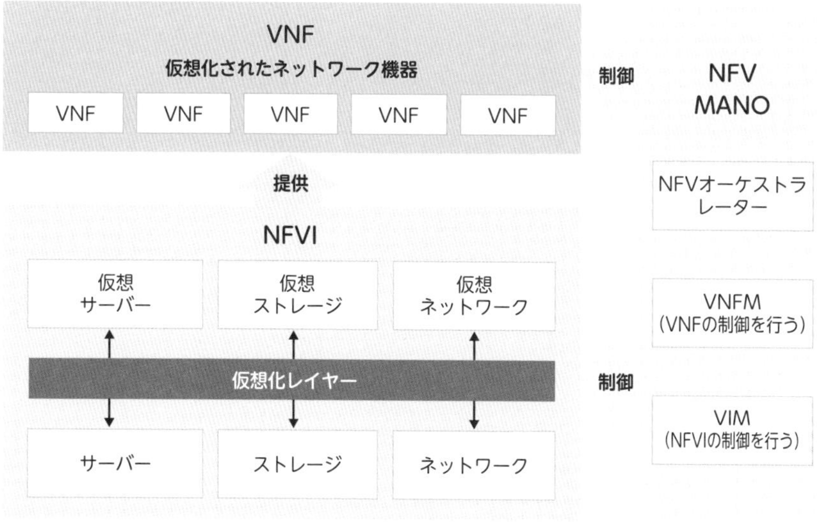

まとめ

- **NFVはネットワーク機器の機能を仮想環境上でソフトウェアとして実現する技術**

17 SD-WAN ～拠点間の接続を一元管理

SDNの考え方をWANに拡張したものが、SD-WANです。WANは複数拠点間を結ぶ広域なネットワーク網のことです。つまり、広域なネットワーク網を一元管理して仮想的なネットワーク環境を構築することがSD-WANの狙いです。

SD-WANとは

SD-WAN（Software Defined WAN）はSDN（Software Defined Network）とよく似ていますが、その名のとおり、ソフトウェアによってWANを定義する技術のことです。WAN（Wide Area Network）は複数拠点間を結ぶ広域なネットワーク網のことで、接続にはインターネット回線のほか、専用線やモバイル回線などが使われています。企業によっては使い分けているところもあるでしょう。

また最近では、企業のシステムのクラウド化により、クラウドサービスとのトラフィックも大幅に増えていますが、こういったさまざまなネットワーク回線の使用状況を最適化できるのがSD-WANの特徴です。WANのネットワーク構成を変更するのはなかなか大変ですが、これらを**ソフトウェアで仮想化し、一元管理することができます。**

■SD-WAN

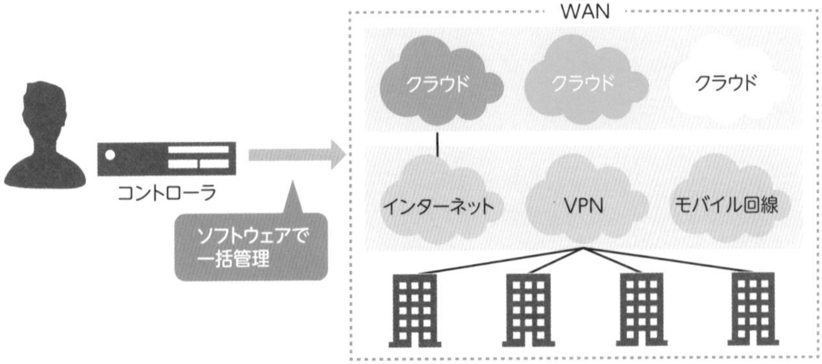

SD-WANの機能

SD-WANでは、各拠点に**CPE**と呼ばれる専用ルーターがあり、CPE間でネットワークを構築します。GUIでの管理が可能なので、トラフィックの状況を確認しつつ、さまざまな回線を組み合わせることでWANの負荷を下げたり、遠隔操作したりすることができます。また、CPEには**ゼロタッチプロビジョニング**という機能があり、電源を入れるとインターネット経由で設定情報を読み込んで自動で初期設定が行えます。これにより、WANをかんたんに構築することができます。

テレワークでネットワークの利用方法も大きく変わり、柔軟な対応を行えるSD-WANはとても便利ですが、現在では、さらに進化したSD-WAN 2.0に注目が集まっています。アメリカのユーザーグループ、ONUG（Open Networking USER GROUP）が2019年に公開した「SD-WAN 2.0 Reference Architecture」では、マルチクラウド接続、統合セキュリティ機能といったユースケースの要件を指定しています。ネットワークの仮想化はLANやWANにとどまらず、もっとグローバルな範囲での大きな変化が起こるかもしれません。

■ SD-WAN 2.0 Reference Architecture

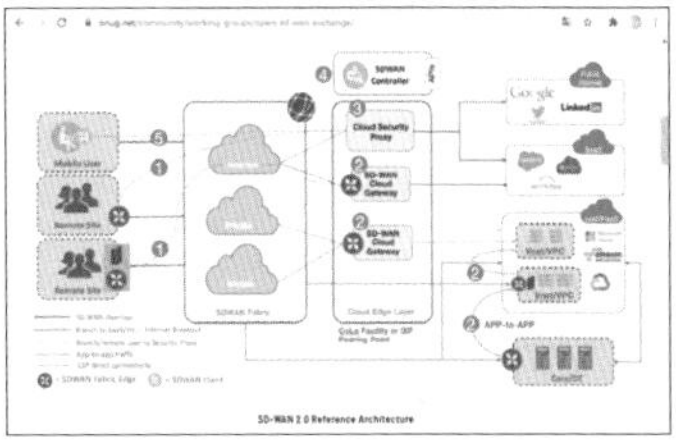

ONUG「SD-WAN 2.0 Reference Architecture」
https://www.onug.net/community/working-groups/open-sd-wan-exchange/

まとめ

- **SD-WANは拠点間の接続を一元管理して仮想的なネットワーク環境を構築すること**

18 クラウドのネットワーク仮想化 ～主要クラウドのネットワーク仮想化サービス

ここでは、代表的なクラウドであるAWS、GCP、Azureの「ネットワーク仮想化サービス」を紹介します。P.038のサーバー仮想化サービスと同様、そのクラウドで提供されているほかのサービスと連携しやすいのが特徴です。

Amazon VPC

AWSのネットワーク仮想化サービスは、**Amazon Virtual Private Cloud（Amazon VPC）**です。Amazon VPCは、パブリックまたはプライベートなネットワークを作成することができます。つまり、社内でのみ利用可能なリソースを提供するのか、それとも公衆が利用可能なリソースを提供するのかを、Amazon VPCのオプションによって設定できます。Amazon VPCは、ルーティングやサブネット、ファイアウォールといった仮想ネットワークの設定を、クラウド上で行うことができます。また、IPv4、IPv6の両方とも使用可能です。

■ Amazon VPC

Amazon VPC（https://aws.amazon.com/jp/vpc/）

VPC

GCPのネットワーク仮想化サービスは、**Virtual Private Cloud（VPC）**です。VPCネットワークは、Google Compute Engine（GCE）や本書の後半でも解説するGoogle Kubernetes Engineなどのリソースに接続することができます。GoogleのVPCネットワークもAmazon VPC同様、プライベートやパブリックなネットワーク環境を仮想的に構築し、制御や管理について柔軟に対応することが可能です。また、VPCネットワークはオンプレミスとのハイブリッド環境でも用いることができます。これには、同じくGCPのサービスであるCloud VPNもしくはCloud Interconnectというサービスを使用して安全にデータ通信ができます。

■VPC

VPC（https://cloud.google.com/vpc/?hl=ja）

Virtual Network

Azureのネットワーク仮想化サービスは、**Virtual Network**です。Virtual Networkも上記2つの仮想ネットワークサービス同様、プライベートもしくはパブリックなネットワーク環境を柔軟に構築することが可能で、サブネット間のトラフィック全体についても詳細に制御可能です。仮想的に分割されたネットワーク環境によって、仮想サーバーやアプリケーションを安全に実行することができます。また、Virtual Networkにより、Azure環境をデータセンターのように扱うことが可能です。Azure間のトラフィックは、複数のリージョン（地域）にまたがって構築される場合においても、通常のインターネット上で送受信されることはありません。すべて、Azureの仮想ネットワーク上で送受信されます。

■ Virtual Network

Virtual Network
（https://azure.microsoft.com/ja-jp/services/virtual-network/）

まとめ

- AWSのネットワーク仮想化サービスはAmazon VPC
- GCPのネットワーク仮想化サービスはVPC
- Azureのネットワーク仮想化サービスはVirtual Network

3章

コンテナ技術の基礎知識

コンテナ技術はサーバー仮想化の1つであり、システムの構築環境としてとても人気が高まっています。コンテナ技術としては「Docker」が有名ですが、その前にコンテナ技術の基礎知識として、歴史やメリットなどを確認しておきましょう。

19 コンテナ技術の歴史
～意外と古いコンテナ技術の起源

サーバー仮想化の１つであるコンテナ技術は、サービスの開発手法として大変人気が高く、重要な技術となっています。そのため本章からは、コンテナ技術の詳細を解説していきます。まずは、コンテナ技術の歴史から見ていきましょう。

コンテナ技術の歴史

コンテナ技術の歴史は意外に古く、最初のコンテナ技術は、1979年に登場した、UNIXの**「chroot」コマンド**です。その働きは、アプリケーションによるアクセスを指定したディレクトリに限定するというものでした。そのディレクトリ上において、プロセスは分離して利用されるため、あるアプリケーションのプロセスが他のアプリケーションのプロセスに影響を与えることはありません。このように、コンテナ型の仮想化は**アプリケーションを隔離する技術**ともいえます。

■ コンテナの基本的な原理

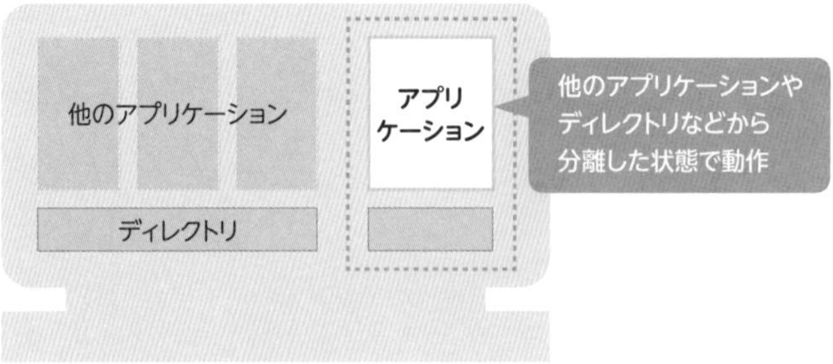

その後コンテナ技術の成長期を経て、2013年に、現在も代表的なコンテナ型仮想化ソフトウェアである**Docker**が登場します。そのおかげで、ホストOS型やハイパーバイザ型と比べて**手軽にサーバー仮想化を実現**できるようになりました。しかし、利用頻度が高まり大量のコンテナを同時に使用するようになるにつれ、コンテナの管理が煩雑になるという課題が浮き彫りとなりまし

た。その後、この課題を解消するソフトウェアとして**Kubernetes**が開発されました。Kubernetesは**コンテナオーケストレーションツール**と呼ばれ、多くのコンテナを指揮（オーケストレーション）することができます。

■ コンテナ技術の歴史

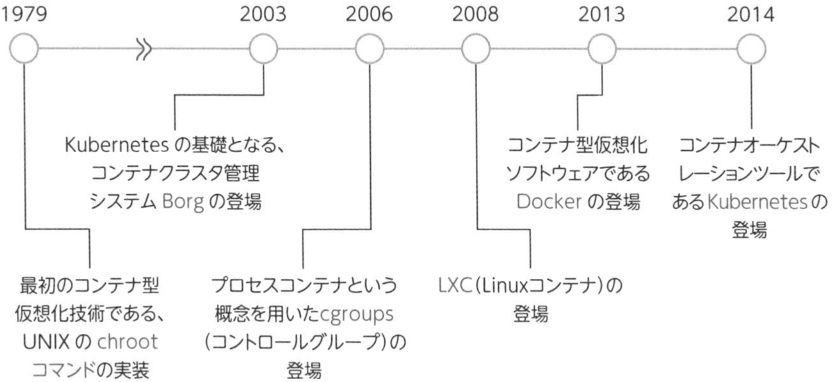

まとめ

- 最初のコンテナ技術であるUNIXの「chroot」コマンドはアプリケーションによるアクセスを指定したディレクトリに限定することができた
- コンテナ型仮想化ソフトウェアであるDockerの登場によって手軽にサーバー仮想化を実現できるようになった
- コンテナオーケストレーションツールであるKubernetesが登場したことでコンテナの管理がしやすくなった

20 コンテナ技術のメリット ～仮想サーバーを手軽に構築できる

第2章で、サーバー仮想化としてホストOS型、ハイパーバイザ型、コンテナ型の3つを説明しました。本節では、コンテナ型をほかのサーバー仮想化と比較した場合のメリットについて紹介します。

コンテナ技術のメリット

コンテナ技術は、仮想マシンやゲストOSを必要としません。そのため、コンテナを作成したらすぐにアプリケーションを導入して、仮想サーバーを構築することができます。この手軽さが最大のメリットといえるでしょう。代表的なコンテナ型仮想化ソフトウェアのDockerでは、主要なアプリケーションやライブラリのコンテナイメージを集めたDocker Hubというサービスが提供されています。そのため、かんたんなサーバーならコマンドを1つ実行するだけで、仮想サーバーのコンテナを立ち上げることができます。

■ ホストOS型とコンテナ型の比較

ゲストOSを持たないということは、コンテナ内のアプリケーションもホス

トOSの機能（カーネル）を利用して動いていることになります。しかし、ファイルシステムが独立しているため、ホストOS内にインストールされたほかのアプリケーションやファイルなどの影響を受けません。

データはコンテナに含めない

コンテナ技術では、可能な限りデータをコンテナに含めないのが基本です。対してホストOS型やハイパーバイザ型では、アプリケーションが記録するデータは仮想サーバー内にあります。そのため、仮想サーバーがクラッシュするとデータも失われることがあります。コンテナ技術においてコンテナにデータを含めることは可能ですが、一般的にアプリケーション用のコンテナとは分離します。また、データの保管先としてホストOSのディレクトリを指定することもできます。そのため、アプリケーション用のコンテナを破棄しても失われることはなく、データを新しいコンテナで使用することもできます。

■ データはコンテナに含めない

まとめ

- **コンテナ技術を使うと仮想サーバーの構築が容易になる**
- **コンテナ技術では可能な限りデータをコンテナに含めない**

21 DevOpsとコンテナ技術 ～開発と運用のスムーズな連携を手助け

DevOps（デブオプス）とは、開発（Development）と運用（Operations）の略語を併せて作られた造語です。本節では、コンテナ技術によって実現するDevOpsについて見ていきましょう。

DevOpsとは

DevOpsとは、**開発者と運用者が協力してサービスを提供する手法のこと**です。DevOpsは、開発と運用のサイクルを以下のような図で表します。左側のDEV（開発者側）のサークルは、サービスの開発過程が、「計画（Plan）」、「実装（Code）」、「ビルド（Build）」、「テスト（Test）」の順に進められることを指します。これに対し、右側のOPS（運用者側）のサークルは、サービスの運用過程が「リリース（Release）」、「デプロイ（Deploy）」、「運用（Operate）」、「監視（Monitor）」の順に進められ、その結果をもとに、サービスの開発へとつなげるための「計画」が実施されることを表します。開発者と運用者はそれぞれ担当業務が異なるので、あまり連携できていないケースが多々あります。それでは、この2つのサークルがうまく回りません。そのため、開発者と運用者が連携することでサービスの提供を迅速に行っていこうというのが、DevOpsの考え方です。

■ DevOps

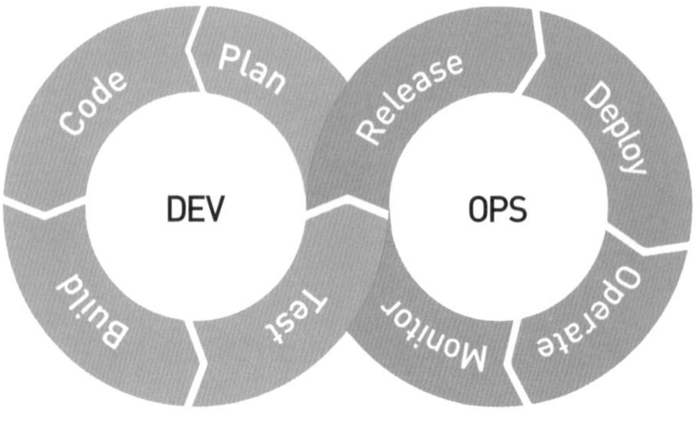

DevOpsとコンテナ技術

DevOpsを実現するための手法やツールにはきまりがありません。ただし、DevOpsにおいて、開発と運用という2つのサークルをより円滑に回していくために、コンテナ技術はよく用いられます。

たとえば、「開発環境では正常に動作していたのに、運用環境ではエラーが発生して動作しない」といったケースは、開発において頻繁に起きます。これは、マシンの性能による違いや、運用環境には競合するサービスがインストールされていたなどの要因が考えられます。しかしコンテナ技術は、アプリケーションの実行に必要なプログラムやライブラリを1つのパッケージにまとめるので、あるコンテナをそのまま他のサーバーに移しても動作します。このように、コンテナはポータビリティー（可搬性。P.085参照）がとても高いので、開発環境で使用していたコンテナを、そのまま運用環境で利用することができます。コンテナ技術は、DevOpsの概念である**開発と運用のスムーズな連携**を手助けしてくれるのです。

■コンテナの利用によって開発と運用をスムーズに連携

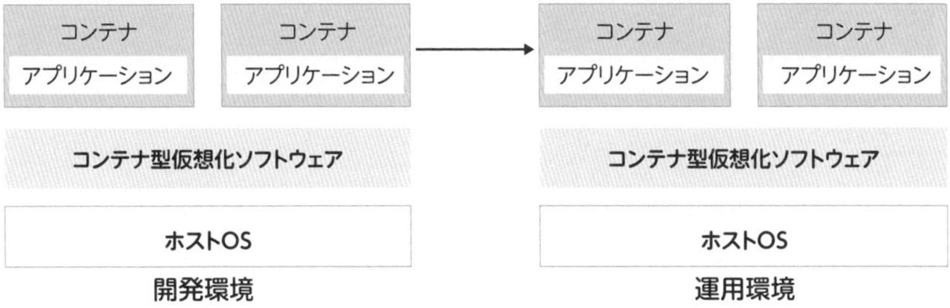

まとめ

- **DevOpsは開発者と運用者が協力してサービスを提供する手法**
- **コンテナ技術はDevOpsの概念である開発と運用のスムーズな連携を手助けしてくれる**

22 主要なコンテナ技術
～ Docker 以外のさまざまなコンテナ技術

本書では、コンテナ技術としてDockerを中心に紹介しています。しかし、コンテナ型の仮想化を実現できるのは、Dockerだけではありません。本節では、主要なコンテナ技術について紹介します。

Docker以外のコンテナ技術

コンテナといえばDockerといえるほど、Dockerは広く普及しています。実際、本書でも章を割いて説明していますが、Docker以外にもさまざまなコンテナ技術があります。コンテナ技術はLinux上で発展したため、Linuxにはコンテナ型仮想化を実現するソフトウェアが充実しています。

■Linuxのコンテナ技術

種類	概要
LXC (Linux Containers)	Linuxカーネルが持つコンテナ機能を利用したコンテナ型仮想化ソフトウェア。1つのLinuxカーネル上で複数のLinuxを動作させることができる
libvirt	Red Hat社を中心としたオープンソースプロジェクトで、仮想マシンの管理を提供するAPI
libcontainer	Dockerを構成するLinuxカーネルの仮想化ライブラリ
systemd-nspawn	chrootコマンドの強化版。ディレクトリ構造のコンテナ化だけでなく、プロセスツリーやさまざまなホスト・ドメイン名も仮想化することができる
cgroups	Linuxカーネルに含まれる機能で、プロセス管理による利用制限とアクセス権制御を行う
CRIU	作成したチェックポイントまでリストアするための機能を提供する

Linuxの分野で発展したコンテナ技術ですが、Windowsはコンテナ技術に関して出遅れている感は否めません。ただしWindowsでも、コンテナを実行することは可能です。

containerdとcri-o

Docker以外にもさまざまなコンテナランタイム（コンテナの実行や管理を行うソフトウェアのこと）がありますが、ここでは**containerd**と**cri-o**を取り上げます。

containerdはもともとDockerの一部分でしたが、Dockerから切り出されて公開されました。業界標準のコンテナランタイムであり、Dockerも内部ではcontainerdを使用しています。コンテナイメージの転送やコンテナの実行や監視、ライフサイクルなどを管理します。

cri-oは軽量なコンテナランタイムであり、第5章で解説するコンテナを管理するためのツールである「Kubernetes」に特化しています。また、containerdとcri-oは、両方とも**CRI（Container Runtime Interface）**に準拠しています。CRIとは、Kubernetesとコンテナランタイムが通信する際のきまりです。このきまりができたことで、KubernetesにDocker以外のコンテナランタイムを使用しやすくなりました。

■containerd

containerd（https://containerd.io/）

■cri-o

cri-o（https://cri-o.io/）

まとめ

- **Docker以外にもさまざまなコンテナ技術がある**
- **Docker以外のコンテナランタイムとしてはcontainerdやcri-oが挙げられる**

23 マイクロサービス ～コンテナと相性がよい設計手法

マイクロサービスはサービスの設計手法の1つであり、サーバーを手軽に構築できるコンテナ技術と相性がよいです。ここまでに学んだコンテナの特徴を思い出しつつ、マイクロサービスとなぜ相性がよいのかを見ていきましょう。

マイクロサービスとモノリス

マイクロサービスとは、**依存関係のない複数の小さいサービスを組み合わせて大きなサービスとして提供する設計手法**です。それに対し、大きな1つの機能を単一の大きなサービスとして提供する設計手法を、英語で「1つの大きな岩」を意味する**モノリス（monolith）**と呼びます。マイクロサービスの特徴は、大きなサービスを構成する小さなサービスそれぞれを、独立して稼働できるという点です。そのため、機能の把握や障害の切り分け、並行した開発、変更などが行いやすくなります。

■モノリスとマイクロサービス

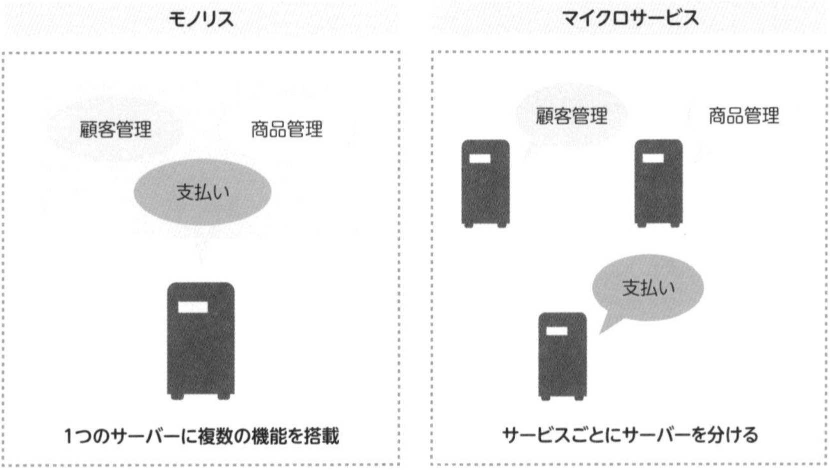

マイクロサービスはコンテナと相性がよい

コンテナ技術は、1アプリケーションごとに1つのコンテナを作成し、そのコンテナを連携させて1つの大きなサービスを作ることができます。そのため、マイクロサービスとの相性は非常によいといえます。ホストOS型仮想化などを用いてマイクロサービスを構築することもできますが、アプリケーションごとに環境構築が必要になります。それに対して、コンテナは作成コストが非常に低いので、アプリケーションごとにコンテナを作ることが容易です。

ただし、複数のサービスをさらに複数のコンテナで構築するとかなり複雑になるため、大規模なマイクロサービスではコンテナオーケストレーションツールの導入も必要となってくるでしょう。

■マイクロサービスをコンテナ技術で構築

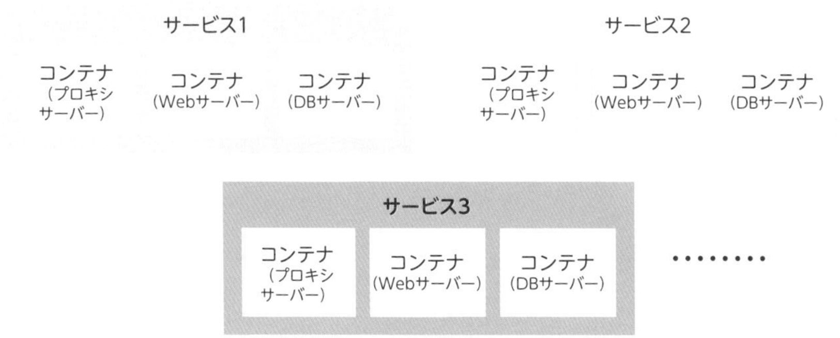

まとめ

- マイクロサービスは依存関係のない複数の小さいサービスを組み合わせて大きなサービスとして提供する設計手法
- マイクロサービスはコンテナと相性がよい

24 コンテナとサーバーレスの比較 ～サービス開発の大きな2つの流れ

「コンテナ」以外で近ごろ人気が高いサービス開発の手法に、「サーバーレス」があります。実際に開発する際、どちらを使えばよいのか悩むケースもあるようです。本節では、トレンドであるこの2つの開発手法を比較してみましょう。

サーバーレスとは

サーバーレス（Serverless）は「server」（仕える人）を「less」（欠く）という意味なので、**サーバーが存在しない環境**を指します。しかし、サーバーなしでサービスを構築することは可能なのでしょうか。

サーバーレスは、主にクラウドで提供されているサービスです。最小単位はFunction（機能）となり、ユーザーからリクエストがあるときだけ起動し、処理が終わると終了します。実際はサーバーが応答していますが、サーバーはクラウド事業者が管理しているため、開発者が意識する必要はありません。つまり、サーバーレスとはサーバーが存在しないわけではなく、**開発者が意識してサーバーを管理する必要がなくなる**だけなのです。

■ サーバーレスの特徴

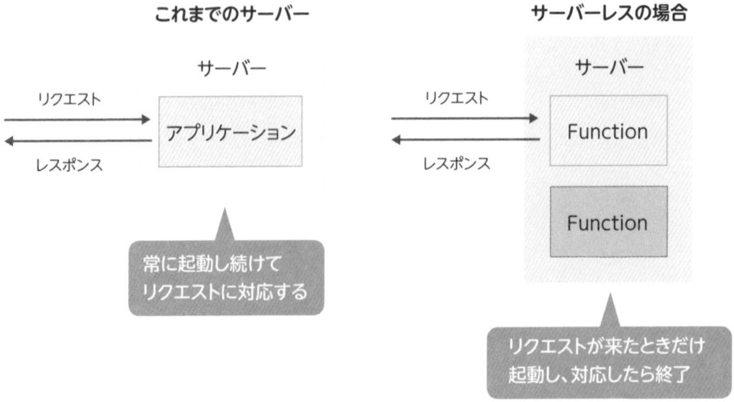

P.022では、クラウドサービスの分類について、SaaS、PaaS、IaaSを解説しました。しかしサーバーレスは、SaaSとPaaSの中間的な分類である**FaaS（Function as a Service）**として位置付けられます。

サーバーレスを提供するサービスでは、AWSの**AWS Lambda**が有名です。

■AWS Lambda

AWS Lambda（https://aws.amazon.com/jp/lambda/）

サーバーレスのメリットとデメリット

サーバーレスのメリットは、次の点が挙げられます。

- **使った分だけの課金。使っていない時間帯のコストが発生しない**
- **サーバーの管理が不要**
- **開発リソースの省略が可能**

サーバーレスはプログラムの「Function」が最小単位なため、時間による課金ではなく、そのFunctionを使った分だけの従量課金となります。

デメリットとしては、次の点が挙げられます。

- **自由度や可搬性が低い**
- **リソースの制約があり、長時間処理には向かない**
- **標準化がされていない**

コンテナとサーバーレスの違い

コンテナはLinuxやWindowsがあれば実行できますが、サーバーレスは主にクラウド上で実行されます。また、コンテナは「アプリケーション」という単位で構成されているのに対し、サーバーレスは、「Function」(機能)というさらに小さな単位で構成されています。そのため、サーバーレスは、比較的短時間の処理を実行するのに使われます。たとえば、ある場所に画像がアップロードされたら、サーバーレスに登録したFunctionが起動し、その画像がリサイズされたりサムネイルが自動で作成されたりするといった使い方が有名です。ただし、あるクラウドで開発したFunctionを他のクラウドベンダーへ移行するのは難易度が高く、コンテナのほうが自由度や可搬性が高いです。

このように、コンテナとサーバーレスはそもそも異なる技術です。それぞれにメリットがあり、向いているサービスも異なります。また、コンテナとサーバーレスを両方取り入れてサービスを構築するのがよい場合もあるでしょう。実際、コンテナの実行環境をクラウド事業者が管理してくれるという、コンテナとサーバーレスの特徴を併せ持ったサービス(P.184、190、197参照)も提供され始めています。そのため、自分が作りたいサービスの特徴に合わせて、どの技術を使用するべきかを十分に検討することが必要です。

まとめ

- **サーバーレスとはサーバーが存在しないわけではなく開発者が意識してサーバーを管理する必要がなくなることを表す**
- **サーバーレスはFaaSに分類される**
- **サーバーレスはサーバーの管理が不要だが自由度や可搬性が低いといったデメリットもある**

4章

コンテナ型仮想化ソフトウェア「Docker」

コンテナといえば「Docker」といえるぐらいに、Dockerはコンテナ型仮想化ソフトウェアのデファクトスタンダードになりました。Dockerは自由度が高く、さまざまなサービスを構築できます。本章では、Dockerについて学びましょう。

25 Dockerとは ～コンテナ技術のデファクトスタンダード

ここまで仮想化やコンテナの基礎知識について解説してきました。本章では、コンテナ技術のデファクトスタンダードであるDockerについて解説します。まずは、Dockerの概要や特徴を見ていきましょう。

Dockerとは

Docker（https://www.docker.com/）とは、**コンテナの実行やコンテナイメージ（コンテナを実行するためのテンプレート）の作成・配布を行うためのプラットフォーム**です。Dockerは、アプリケーションを実行環境ごとパッケージ化したコンテナイメージを作成します。そのコンテナイメージは、コンテナレジストリを介して、開発環境から運用環境へ配布できます。**実行環境ごとパッケージ化するため、開発環境でも運用環境でも同じようにアプリケーションを動作させることができます。**

Dockerは柔軟性、疎結合などのコンセプトの上に築かれています。Dockerのしくみを学ぶためには、これらのコンセプトを理解することが重要です。

■ Dockerのコンセプト

柔軟性 プログラミング言語などが制約されない	**疎結合** システムを独立したコンポーネントへ分解できる
軽量 効率的にリソースを活用する	**スケーラブル** 需要に応じてリソースを増減できる
ポータブル 異なる実行環境への移行が容易	**セキュア** コンテナ同士を分離できる

Dockerによって実現できること

Dockerを使うことによって、アプリケーションの高速かつ問題の少ないリリースやアプリケーションの容易な**デプロイ**（プログラムを配備し、システムを利用可能な状態にすること）、スケールを行うことができます。これらの課題を解決できるのはDockerだけではありませんが、Dockerはこれらの課題を解決するための1つのアプローチを提供します。

Dockerエンジンとは

Dockerエンジンとは、**コンテナやコンテナイメージを管理するためのアプリケーション**です。Dockerエンジンはクライアント・サーバー型のアプリケーションであり、クライアントである**Dockerクライアント**からサーバーである**Dockerデーモン**のAPIへアクセスすることによって、コンテナやコンテナイメージに関するさまざまな操作を行えます。DockerクライアントからDockerデーモンのAPIへアクセスするためには、Dockerコマンド（P.109参照）を実行します。このDockerエンジンやDockerクライアントを指して「Docker」と呼ぶ場合もあります。

■ Dockerエンジンのしくみ

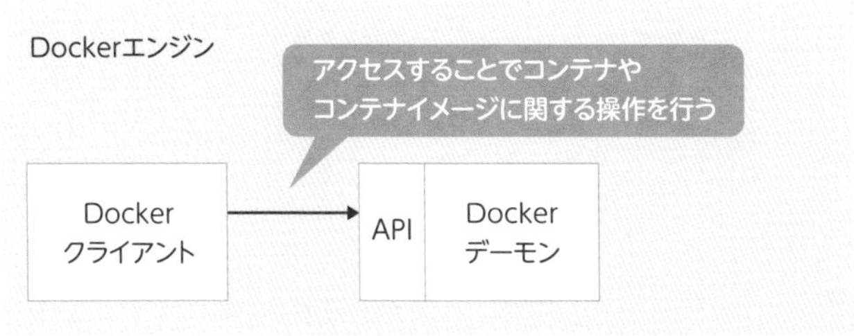

まとめ

- **Dockerはコンテナの実行やコンテナイメージの作成・配布を行うためのプラットフォーム**

26 Dockerが注目される理由
〜Dockerの歴史と発展を振り返る

ほかにもコンテナ技術がある中で、Dockerはなぜこれほど普及するに至ったのでしょうか？　本節では、Dockerの歴史と発展を振り返るとともに、Dockerが注目される理由について見ていきましょう。

Dockerの歴史

Dockerは、2013年3月のPython ConferenceのライトニングトークでSolomon Hykes氏によって紹介されました。2014年6月にはDockerエンジンのバージョン1.0が一般に利用可能となり、同年12月にはDockerのダウンロード回数が1億回を突破しました。その後、2016年6月にリリースされたDockerのバージョン1.12では、Docker標準のコンテナオーケストレーション機能であるSwarmモードが追加され、2017年10月にはコンテナオーケストレーションツールのデファクトスタンダードであるKubernetesがDocker Enterpriseに統合されました。さらに、2018年4月にはDocker Enterprise 2.0がアナウンスされ、2019年4月にはDocker Enterprise 3.0がアナウンスされました。Dockerは現在も進化を続けています。

■Dockerの歴史

- 2013年03月　Python ConferenceのライトニングトークでSolomon Hykes氏によって紹介
- 2014年06月　Dockerエンジンのバージョン1.0が一般に利用可能
- 2014年12月　Dockerのダウンロード回数が1億回を突破
- 2016年06月　コンテナオーケストレーション機能であるSwarmモードが追加
- 2017年10月　コンテナオーケストレーションツールのKubernetesがDocker Enterpriseに統合
- 2018年04月　Docker Enterprise 2.0がアナウンス
- 2019年04月　Docker Enterprise 3.0がアナウンス

Dockerの注目度

Google Trends（Googleでどれだけ検索されているかを確認できるツール）ですべての国を対象に「Docker」をキーワードとして検索すると、多少のばらつきはあるものの、2013年以降おおむね右肩上がりに注目度が推移していることがわかります。このことから、Dockerへの関心が世界的に高まっているといえます。なお、日本のみを対象に「Docker」をキーワードとして検索すると、すべての国を対象とした場合と同様に、2013年以降おおむね右肩上がりに注目度が推移しています。国内においても、Dockerへの関心が高まっていると推測できます。

■「すべての国」を対象にした検索結果

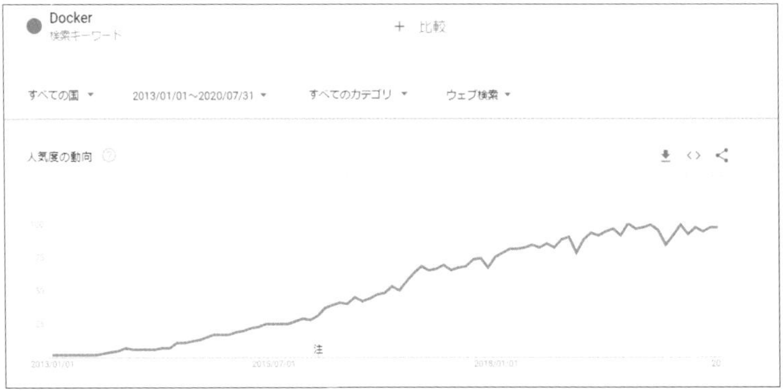

■「日本」を対象にした検索結果

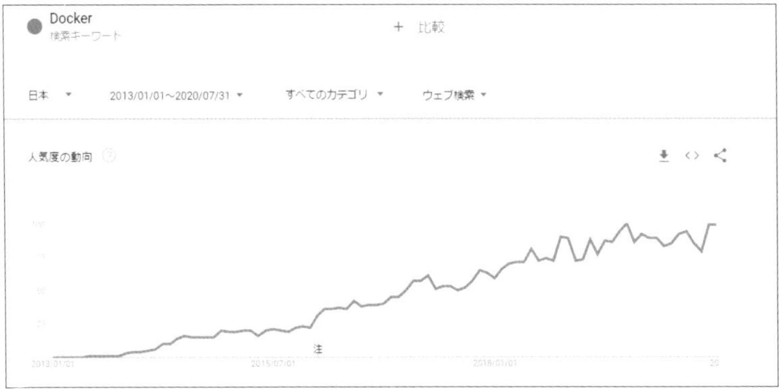

Dockerが注目される理由

Dockerは、コンテナ化されたアプリケーションのプラットフォームとしてデファクトスタンダードの地位を築いています。Dockerがこれほど注目されるようになったのはさまざまな理由がありますが、理由の1つとしてDockerがソフトウェア開発者やシステム管理者に素晴らしいユーザー体験を提供したこと、つまりは「Dockerが使いやすかった」ことが挙げられます。Dockerは哲学として「ユーザーファースト」を掲げており、素晴らしいユーザー体験と、異なる実行環境へ容易に移行できる性質を備えたツールを提供することを目指しています。

Dockerが誕生する以前もLXC（P.064参照）などのコンテナ技術は存在しましたが、Dockerほど普及するには至りませんでした。また、Dockerの誕生した時期はクラウドの普及期と重なっていました。そのため、オンプレミスからクラウドへ容易に移行できるポータビリティーに加え、高い可用性やスケーラビリティーを備えたアプリケーションを開発しやすい点が評価されたのです。

■Dockerが注目される理由

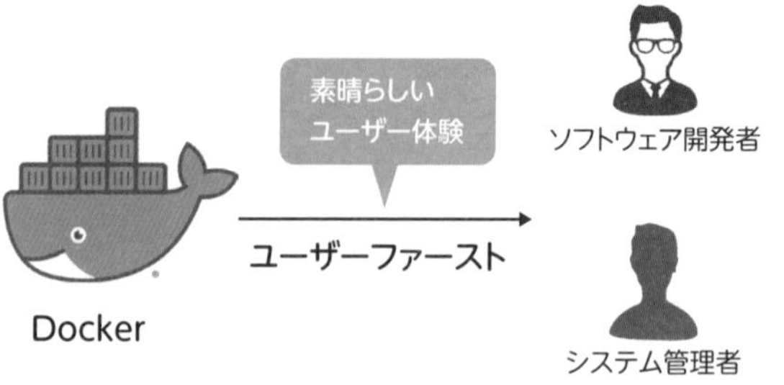

コンテナ技術の発展を支えるOCI

コンテナのフォーマットと実行環境に関するオープンな業界標準を定めることを目的とした、**Open Container Initiative（OCI）**というプロジェクトがあります。OCIは、2015年6月に、Docker社やCoreOS社をはじめとしたコンテナ技術をリードする企業によって発足されました。執筆時点では、OCIはコンテナの実行環境などに関する仕様である「Runtime Specification」とコンテナイメージなどに関する仕様である「Image Format Specification」の2つの標準を規定しています。OCIのメンバーには著名な企業が名を連ねており、標準策定を通じてコンテナ技術の発展を支えています。

■ OCIのメンバー

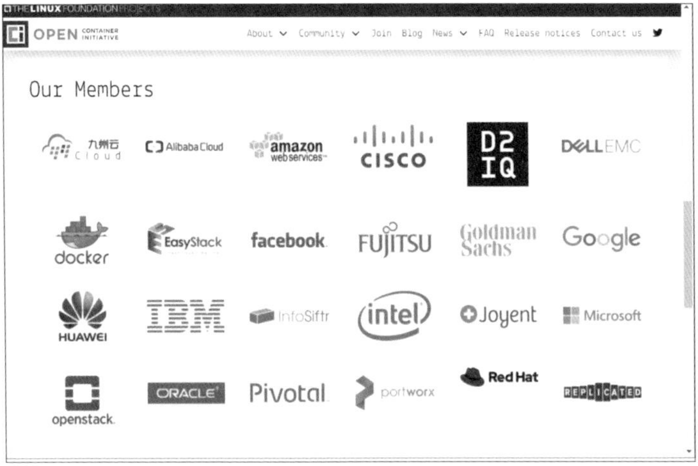

まとめ

- Dockerはコンテナ化されたアプリケーションのプラットフォームとしてデファクトスタンダードの地位を築いている
- Dockerはオンプレミスからクラウドへ容易に移行できるポータビリティーに加え、高い可用性やスケーラビリティーを備えたアプリケーションを開発しやすい点が評価された

27 Dockerコンテナ ～外部から影響を受けない独立した環境

Dockerはコンテナの実行やコンテナイメージの作成・配布を行うためのプラットフォームだと述べましたが、そもそもコンテナとは何なのでしょうか？　第2章や第3章でも解説しましたが、あらためてコンテナの概要について見ていきましょう。

コンテナとは

コンテナは、**OS上で実行されているプロセス**です。プロセスとはプログラムの実行単位のことであり、「実行中のプログラム」とも言えます。コンテナが通常のプロセスと異なる点は、他のプロセスから隔離されるように設定されていることです。コンテナを使うことによって、**外部から影響を受けない独立した環境でプロセスを実行することができます。**コンテナを外部から隔離するため、**名前空間**（P.098参照）というしくみが用いられています。名前空間のしくみによって、プロセスIDやネットワークインターフェイスをはじめとした、さまざまなものを隔離することができます。

■コンテナとは

ファイルシステムの隔離

名前空間のしくみによって実現されていることでとくに重要なことは、**ファイルシステムの隔離**です。ファイルシステムはOSの機能の1つであり、ファイルシステムによって、データを「ファイル」という単位で読み書きすることができます。ファイルシステムは、プロセスの実行に必要となるさまざまなファイル（プログラムや設定など）を含んでおり、プロセスが正しく動作するための環境を提供します。

通常のプロセスは、OSのファイルシステムを他のプロセスと共有するのに対し、コンテナはそのコンテナ専用の独立したファイルシステムを使用します。名前空間でファイルシステムが隔離されるしくみは、コンテナ内のプロセスが、yumやaptなどのパッケージ管理システムでインストールしたパッケージに依存する場合に、とくに有用です。ここで、**パッケージ**とはある機能を提供するプログラムをまとめて配布形式にしたものであり、**パッケージ管理システム**とは、パッケージのインストールや依存関係を管理するシステムのことです。

多くの場合、OSのファイルシステム上で異なるバージョンのパッケージを共存させることは困難ですが、コンテナを使ってファイルシステムを隔離することで、異なるバージョンのパッケージを共存させることができます。

■ファイルシステムの隔離

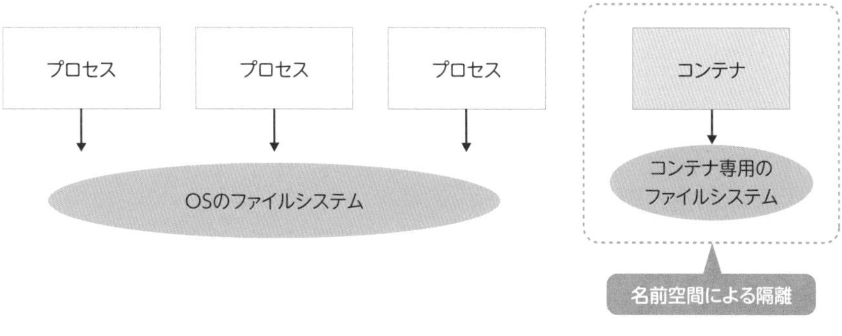

コンテナと仮想マシンの違い

コンテナと仮想マシンはよく似ています。ここで仮想マシンとは、ホストOS型仮想化やハイパーバイザ型仮想化において、仮想化ソフトウェアとゲストOSの間にある、仮想的なハードウェアのことを指します。両者は混同しやすいため、Dockerが登場して間もないころ、Dockerコンテナ内でmonitなどのプロセス監視ツールを用いてWebサーバーやデータベース管理システムを起動し、SSH（サーバーを遠隔操作するためのプロトコル）からアクセスして管理するなど、仮想マシンと同様にコンテナを運用している事例が散見されました。第2章でコンテナとほかのサーバー仮想化との違いについて解説しましたが、今一度、ここで整理しておきましょう。

コンテナと仮想マシンの間には次のような決定的な違いがあります。まず、コンテナは本質的にはプロセスと同じであり、名前空間などのしくみによって他のコンテナやプロセスから隔離されます。これに対し、仮想マシンはハードウェアを模倣するソフトウェアであり、仮想マシンにOSをインストールすることで、他の仮想マシンや仮想マシンを実行している物理マシンから隔離されます。そのため、コンテナは他のコンテナやプロセスとOS(より正確には、カーネルと呼ばれるOSの中核部分)を共有するのに対し、仮想マシンは他の仮想マシンや物理マシンとOSを共有しません。また、コンテナはプロセスそのものなので、仮想マシンと比べて高速に動作します。**コンテナを仮想マシンと似たようなものと考えるより、むしろ特殊なプロセスとして考える**ほうが理解しやすくなります。

■ コンテナと仮想マシンの違い

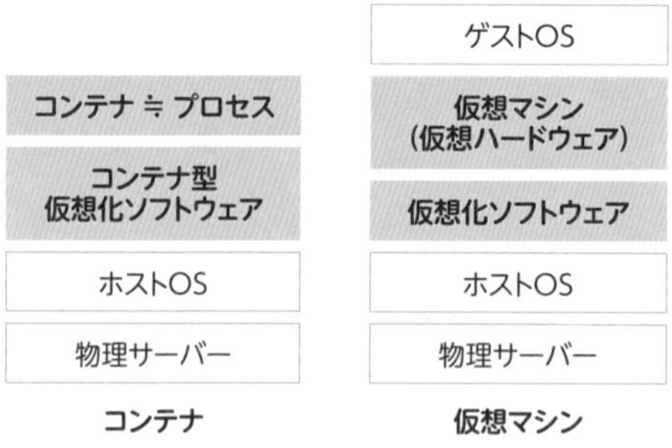

なぜコンテナにOSを載せることができるのか

ここまで、コンテナはOSを共有している(ゲストOSがない)と解説してきました。しかしコンテナには、CentOSやUbuntuなどのOSを載せることも可能です。CentOSやUbuntuなどのOSは、より正確には**ディストリビューション**と呼ばれます。ディストリビューションとは、Linuxカーネルとそれ以外のソフトウェア(シェルやエディターなど)を1つにまとめたものです。Linuxカーネルがすべてのディストリビューションに含まれるのに対し、それ以外のソフトウェアはディストリビューションによって異なります。この違いは、ディストリビューションを特徴づけます。ここでコンテナに話を戻すと、コンテナはホストマシンのOS（カーネル）を利用していますが、あるコンテナがUbuntuに含まれるソフトウェア一式を備えている場合、そのコンテナ内で実行されるプロセスをあたかもUbuntu上で実行されているように見せることができます。

このように「Ubuntuに含まれるソフトウェアを備えたコンテナ」や「CentOSに含まれるソフトウェアを備えたコンテナ」などを利用することで、仮想マシンのようなゲストOSを使うことなく複数のOS、つまりディストリビューションを共存させることが可能です。

■コンテナにはUbuntuなどのOSを載せることも可能

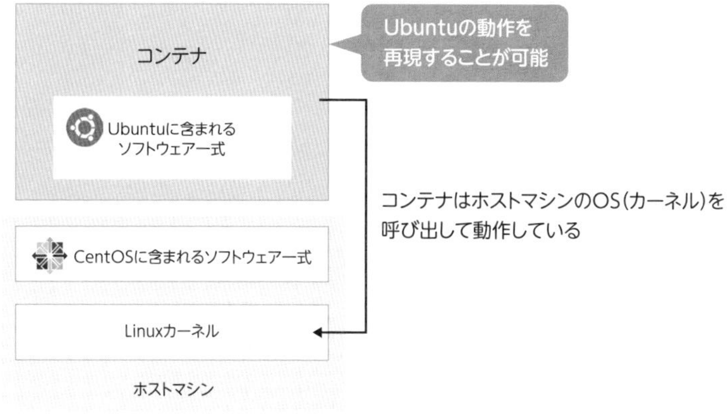

ここまでホストOSがLinuxであることを前提に説明しましたが、Windowsや macOSの場合でも、コンテナがホストマシンに存在するOS（カーネル）を呼び出して動作していることに変わりはありません。ホストOSがWindowsや macOSの際は、Docker Desktop（WindowsとmacOS向けのDockerソフトウェア。P.109参照）をインストールすると、コンテナ型仮想化ソフトウェア上にLinuxの仮想マシンが構築されます。コンテナは、その Linux仮想マシン上で動作するという構成になります。

コンテナがあれば仮想マシンは不要か

コンテナと仮想マシンは隔離する方法に違いがありますが、隔離された環境を提供するという点では共通しています。その上で、コンテナが仮想マシンと比べて高速に動作するというと、コンテナのほうが仮想マシンよりも一見優れているように感じられます。しかし決してそういうことではなく、コンテナはOSを共有しているため、OSのバージョンの違いや互換性によっては正しく動作しない場合があります。「コンテナは常にどこでも動く」と思われがちですが、OSの違いによって動作しないこともある、ということを理解しておきましょう。

一方、仮想マシンではそれぞれにOSをインストールするため、OSも含めて同じ環境を再現することができます。コンテナがあれば仮想マシンが不要になるわけではなく、仮想マシンが重要な技術であることに変わりはありません。

■ OSのバージョンの違いによってコンテナが動かない場合もある

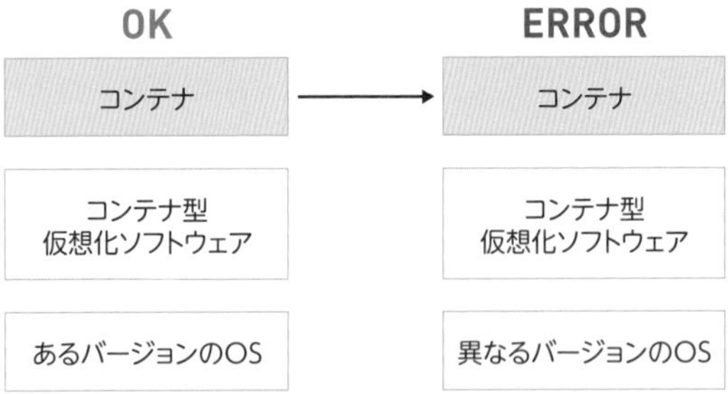

まとめ

- コンテナはOS上で実行されているプロセス
- 名前空間のしくみによってコンテナは外部から隔離されている
- コンテナはOSを共有しているためOSのバージョンの違いや互換性によっては正しく動作しない場合がある

28 コンテナイメージ ～コンテナを実行するためのテンプレート

コンテナイメージはDockerを支える重要な要素であり、コンテナを起動するときは、起点となるコンテナイメージを指定する必要があります。コンテナイメージは、開発環境から運用環境といった異なる環境にも配布することが可能です。

コンテナイメージとは

コンテナイメージとは、**コンテナを実行するためのテンプレート**です。コンテナは、コンテナイメージから生成されます。コンテナイメージとコンテナの関係は、プログラミング経験者なら、オブジェクト指向プログラミングにおけるクラスとオブジェクト（インスタンス）の関係をイメージするとわかりやすいでしょう。オブジェクトが備えるプロパティ（データ）やメソッド（関数）はクラスによって定義されますが、クラス自体がプロパティを持ったり、メソッドを呼び出したりすることはありません。あくまで、それらを行うのはオブジェクトです。同様に、コンテナ内のプロセスの実行環境はコンテナイメージによって決まりますが、コンテナイメージ内でプロセスが実行されることはありません。

■ コンテナイメージとコンテナの関係

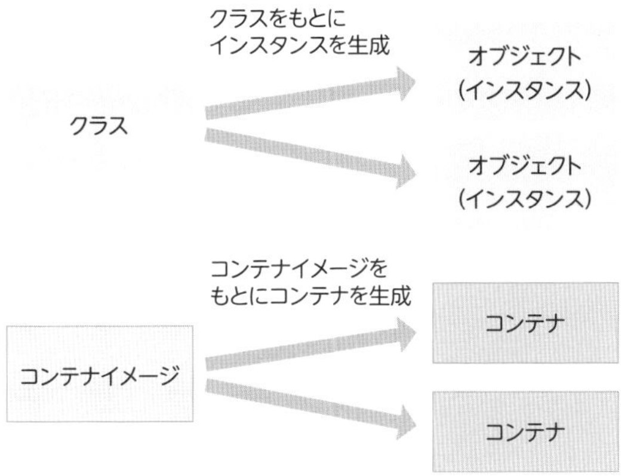

コンテナイメージの大部分はコンテナの実行に必要なファイルシステムであり、**ファイルシステムはレイヤーと呼ばれる層の重なりによって構成**されています。このように、コンテナイメージ内のファイルシステムがレイヤー構成になっていることは、Dockerにおける差分管理に関係しています。なお、差分管理についてはP.102で詳しく解説します。ほかにもコンテナイメージには、コンテナ内で起動するプロセスのプログラムや引数などの情報も含まれています。

■ コンテナはコンテナイメージから生成される

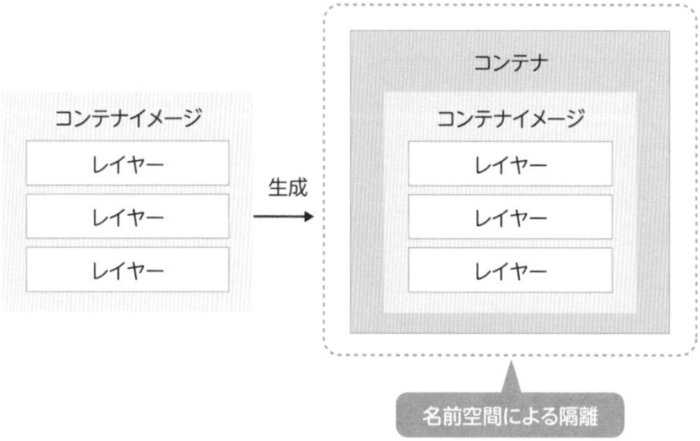

コンテナイメージの作成

コンテナイメージは、ベースとなるコンテナイメージのファイルシステムに新たなレイヤーを重ねることによって作成されます。たとえばCentOSのコンテナイメージがあり、このコンテナイメージにWebサーバーであるApacheのプログラムと設定ファイルを含むレイヤーを重ねることにより、CentOS上で動作するApacheのコンテナイメージを作成することができます。CentOSやUbuntuなどのベースとなるコンテナイメージは、ほとんどの場合、Docker Hubからダウンロードされます。

コンテナイメージは、コンテナとしてシェルを起動したあとにyumなどのパッケージ管理システムを実行することで、手動で作成できます。しかし多くの場合は、コンテナの作成手順を記述したテキストファイルであるDockerfile

を使用して、自動で作成します。

■コンテナイメージの作成

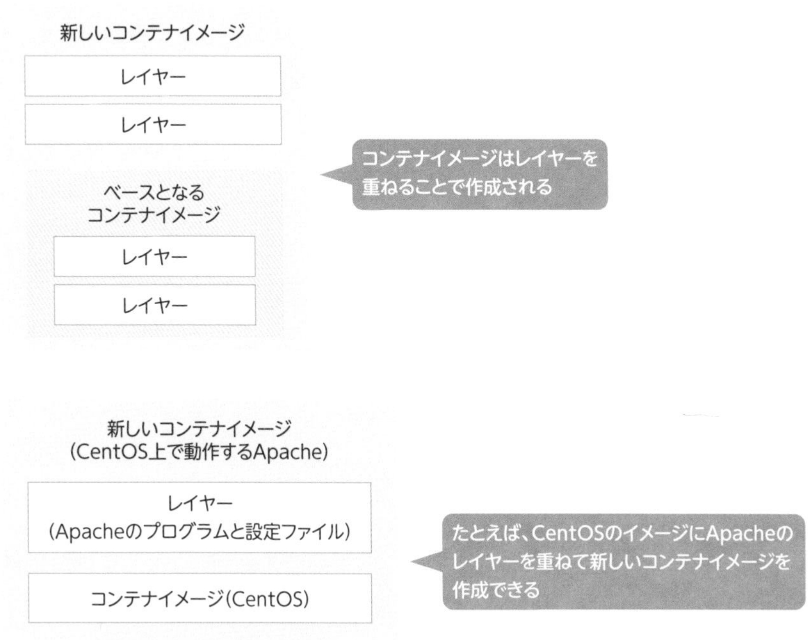

コンテナイメージの配布

作成したコンテナイメージは、**コンテナレジストリ**と呼ばれるコンテナイメージの保管場所を介して配布します。コンテナはプロセスなのでそのまま配布することはできませんが、コンテナイメージはデータなので配布することができます。配布されたコンテナイメージからコンテナを実行することにより、異なる環境（たとえば、開発環境と運用環境）で同じコンテナを再現することができます。なお、Dockerが持つ「異なる環境で同じコンテナを再現できる性質」は**ポータビリティー（可搬性）**といいます。

■ コンテナイメージの配布

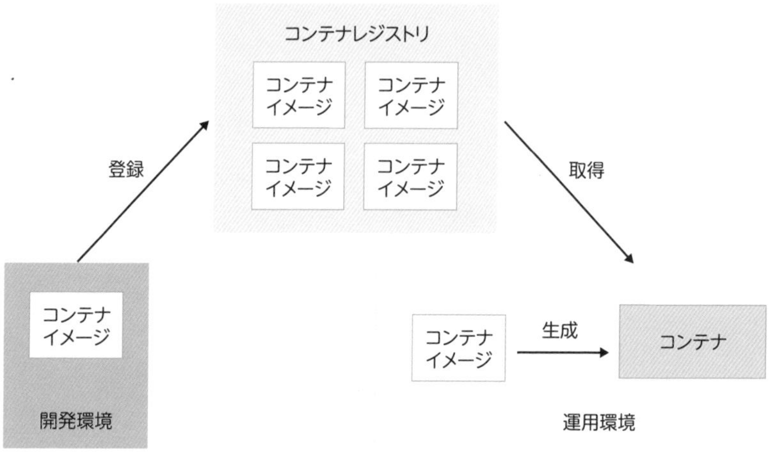

◎ コンテナイメージはOSインストール用ディスクと同じ？

少し話は変わりますが、マシンにLinuxなどのOSをインストールした経験はあるでしょうか？　OSをインストールする方法の1つとして、CDやDVDなどのOSインストール用ディスクを使用する方法があります。OSインストール用ディスクには、OSが動作するために必要なプログラムや設定などのデータが含まれており、これらのデータがマシンにコピーされることによってOSがインストールされます。

ここでコンテナイメージに話を戻すと、コンテナイメージにもCentOSやUbuntuなどの名前が付けられており、一見するとOSインストール用ディスクと似たようなものに感じられます。たしかにコンテナイメージはLinuxの実行環境を構築するという意味において、OSインストール用ディスクと役割が共通しています。また、コンテナイメージがコンテナによって必要とされるプログラムや設定などのデータを含んでいる点も、OSインストール用ディスクとよく似ています。

しかしOSインストール用ディスクの場合、ソフトウェアをハードディスクドライブなどへコピーするのに対し、コンテナイメージの場合、コンテナ内のプロセスからコンテナイメージ内のソフトウェアへアクセスできるようにするだけで、コピーは行われません。また、OSインストール用ディスクはLinuxカーネルを含むのに対し、コンテナイメージはLinuxカーネルを含みません。コンテナが仮想マシンと異なるように、コンテナイメージもOSインストール用ディスクとは異なります。両者の違いを知ることが正しい理解につながります。

■OSインストール用ディスクとコンテナイメージの比較

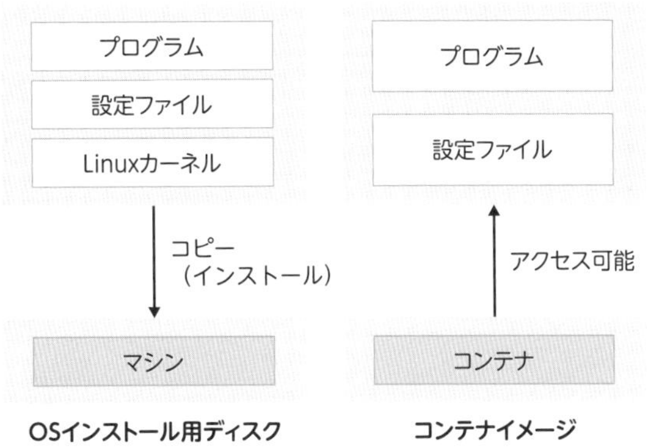

まとめ

- コンテナイメージはコンテナを実行するためのテンプレート
- コンテナイメージにはコンテナの実行に必要なファイルシステムが含まれる
- コンテナイメージはコンテナの作成手順を記述したDockerfileを使用して自動で作成することが多い
- コンテナイメージはコンテナレジストリと呼ばれるコンテナイメージの保管場所を介して配布する

29 コンテナのライフサイクル ～コンテナの作成から削除まで

コンテナには、作成や実行、削除といったいくつかの状態があり、Dockerコマンドの実行などによって変化します。この「コンテナが取り得る状態」にはどんなものがあるのかを見ていきましょう。

ライフサイクルとは

コンテナには、作成や削除といったいくつかの状態があります。コンテナの**ライフサイクル**とは、コンテナが作成されてから削除されるまでの「状態の流れ」のことです。コンテナのライフサイクルは、実行や停止などの「状態」と、実行している状態から停止するなどの「状態の変化」の2種類の要素から構成されます。Dockerでは、コンテナが取り得る状態として主に「作成」「実行」「停止」「ポーズ」「削除」の5つがあります。

■ コンテナが取り得る状態

状態	説明
作成	コンテナレイヤーが作成された状態
実行	コンテナ内でプロセスが実行している状態
停止	コンテナ内でプロセスが終了している状態
ポーズ	コンテナ内でプロセスが一時停止している状態
削除	コンテナレイヤーが削除された状態

停止とポーズの状態はコンテナ内でプロセスが実行されない点でよく似ていますが、停止ではプロセスが終了しているのに対し、ポーズではプロセスが凍結（フリーズ）され、メモリなどの記録を保持したまま停止している点が異なります。停止状態のコンテナを実行するとプロセスは初期化されますが、ポーズ状態のコンテナを実行するとポーズした時点からプロセスが再開されます。

コンテナの状態変化

コンテナの状態は、Dockerコマンドの実行やコンテナ内のプロセスの終了などをトリガーにして変化します。Dockerコマンドとは、Dockerでコンテナやコンテナイメージを操作する際に使うコマンドのことです。Dockerコマンドの詳細はP.109で解説しますが、たとえば「docker container run」というコマンドを実行すると、コンテナレイヤーが作成されるとともにコンテナ内でプロセスが起動し、コンテナの状態は「実行」となります。また、コンテナ内で実行されていたプロセスが停止すると、コンテナの状態は「実行」から「停止」へ変化します。

■ Dockerコマンドの実行などによってコンテナの状態は変わる

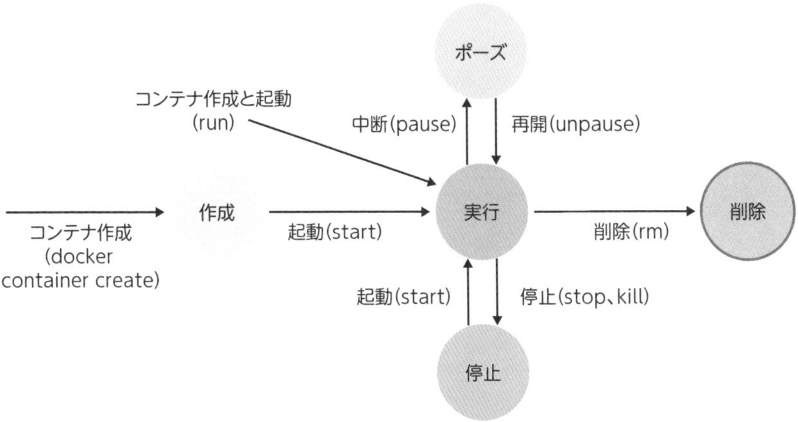

まとめ

- **ライフサイクルはコンテナが作成されてから削除されるまでの状態の流れ**
- **コンテナは「作成」「実行」「停止」「ポーズ」「削除」の状態を取り得る**
- **コンテナの状態はDockerコマンドの実行などをトリガーにして変化する**

30 Dockerデーモン
〜Dockerエンジンを支える最重要要素

Dockerエンジンでは、それぞれ役割の異なる複数のコンポーネントが連携することによって、プラットフォームが機能しています。本節では、Dockerエンジンにおいて中心的な役割を担うDockerデーモンについて解説します。

Dockerエンジンを構成する3つのコンポーネント

本節で解説する**Dockerデーモン**とは、Dockerエンジンのコンポーネントのうちの1つです。またDockerエンジンは、**Dockerクライアント**、**Dockerデーモン**、**コンテナレジストリ**の大きく3つから構成されています。ここで、この3つのコンポーネントについて整理しておきましょう。

Dockerクライアント

Dockerデーモンのユーザーインターフェイスとなるコンポーネントです。ユーザーはDockerクライアントを操作することによってDockerデーモンと通信します。

Dockerデーモン

Dockerクライアントからの要求に応じてDockerオブジェクトを管理するコンポーネントです。DockerクライアントとDockerデーモンの役割はそれぞれクライアントとサーバーであり、Dockerクライアントの要求によって通信が開始し、Dockerデーモンの応答によって通信が終了します。

コンテナレジストリ

コンテナイメージを保管するためのコンポーネントです。DockerデーモンはDockerクライアントからの要求に応じてコンテナレジストリと通信し、コンテナイメージのダウンロードやアップロードを行います。パブリックなコンテナレジストリには、Docker Hubがあります。また、自分専用のコンテナレジストリを構築することも可能です。

■ Dockerエンジン

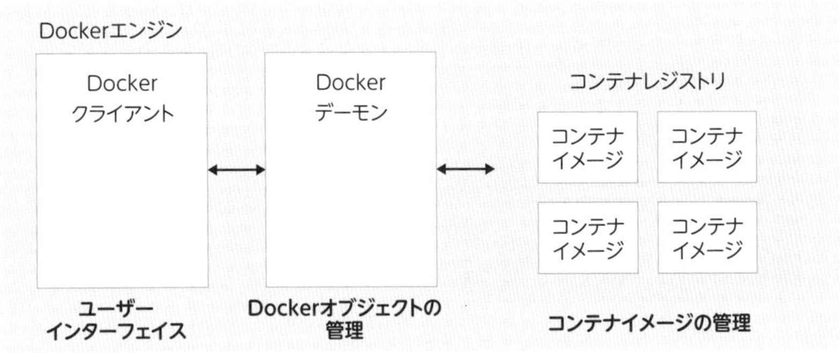

Dockerオブジェクトとは

Dockerオブジェクトとは、**Dockerデーモンの管理の対象となるもの**です。Dockerオブジェクトにはさまざまなものが含まれており、コンテナやコンテナイメージもDockerオブジェクトです。その他、コンテナが外部と通信するために必要な「ネットワーク」やデータを永続化するために必要な「ボリューム」などもDockerオブジェクトです。これらの重要なDockerオブジェクトを管理する役割を担うDockerデーモンは、Dockerエンジンを支える最重要要素といえます。

■ Dockerオブジェクト

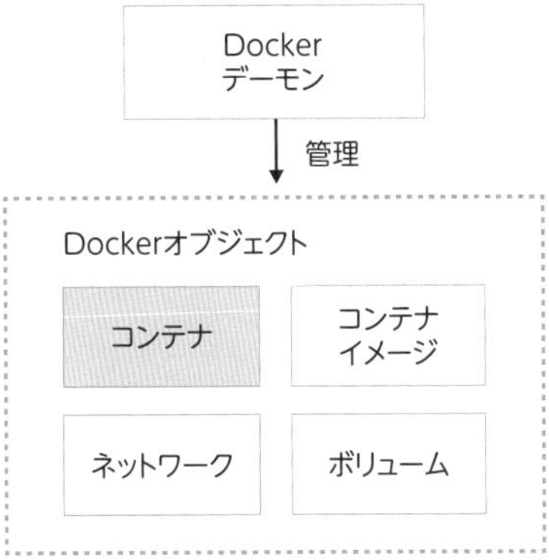

Dockerデーモンとの通信

Dockerデーモンは Dockerクライアントからの要求を受け入れるための**API**を備えています。APIとはApplication Programming Interfaceの略であり、プログラムなどが外部とやりとりするためのインターフェイス（窓口）のことです。Dockerクライアントが Dockerデーモンと通信するとき、Dockerクライアントは Dockerデーモンによって提供されているAPIへアクセスします。Dockerデーモンが備えるAPIでは、**REST**と呼ばれるHTTPをベースとした通信プロトコルが使用されており、HTTPリクエストの送信とHTTPレスポンスの受信ができるプログラムであれば、Dockerデーモンと通信することができます。要するにDockerデーモンは一種のWebサーバーであり、docker info（P.110参照）などの一部の機能にはWebブラウザを使ってアクセスすることもできます。

■ Dockerデーモンとの通信

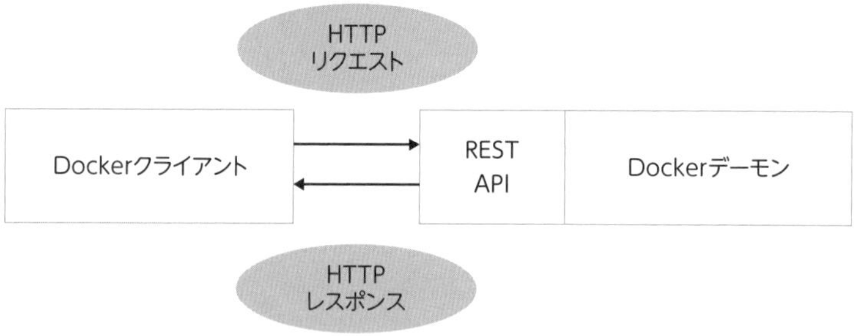

複数コンポーネントに分かれていることのメリット

Dockerエンジンのように1つのシステムが複数のコンポーネントに分かれていると、一見複雑に感じられます。しかし、複数のコンポーネントに分かれていることで多くのメリットがあります。

たとえば、DockerクライアントとDockerデーモンが分かれていることによって、それぞれを別々のマシンで実行することができます。また、ユーザーインターフェイスをコマンドラインからグラフィカルユーザーインターフェイスに変更したい場合も、Dockerクライアントを変更するだけでよく、Dockerデーモンに一切の変更を加える必要がありません。さらに、Dockerエンジンが期待したように動作しない場合、DockerクライアントとDockerデーモンの通信内容を調べることによって原因を探ることができます。

■複数コンポーネントに分かれていることのメリット

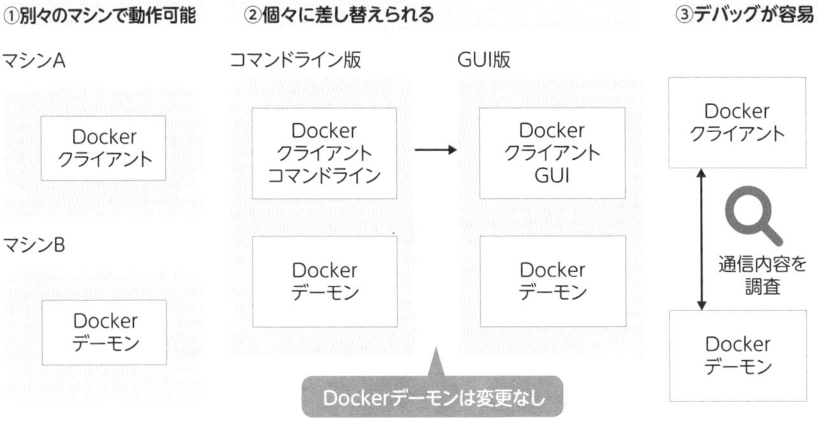

まとめ

- Dockerデーモンは Dockerクライアントからの要求に応じて Dockerオブジェクトを管理する
- Dockerオブジェクトは Dockerデーモンの管理の対象となるものでありコンテナやコンテナイメージが含まれる
- Dockerデーモンは Dockerクライアントからの要求を受け入れるためのAPIを備えている

31 コンテナとプロセス
～プロセスごとにコンテナを分けるメリット

Dockerではプロセスごとにコンテナを分けることが推奨されています。本節では、プロセスごとにコンテナを分ける際に基準となる考え方や、メリット／デメリットについて解説します。

基本は1コンテナに1プロセス

コンテナは本質的にはプロセスと同じです。そのため、アプリケーションを同じコンテナに含むべきかどうかは、**同じプロセスに含んだ場合に自然かどうかを基準に判断することができます。**たとえば、Webシステムを開発するのに、Webサーバー、APサーバー、DBサーバーの3層でシステム全体を構成するとします。このとき、1つのコンテナ内でWebサーバー、APサーバー、DBサーバーの3つのプロセスを実行することも可能ですが、通常これら3つのサーバーは別々のプロセスとして実行されます。そのため、プロセスごとに3つのコンテナに分けるのがよいでしょう。

■ Webシステムの例

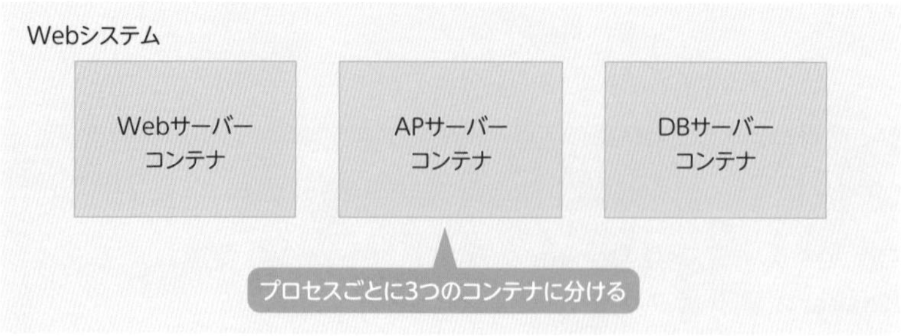

プロセスごとにコンテナを分けるメリット

プロセスごとにコンテナを分けることによって、一部のコンテナがボトルネックとなってシステム全体の処理能力が低下している場合に、**ボトルネック**

となるコンテナを複数起動することによって負荷を分散し、処理能力の低下を改善することもできます。コンテナは、プロセスの実行に要するオーバーヘッドがほぼゼロのため、プロセスごとにコンテナを分けても性能の劣化はほとんどありません。

一方、仮想マシンの場合はプロセスの実行に要するオーバーヘッドがコンテナと比べて大きいため、プロセスごとにコンテナを分けると著しく性能が劣化する恐れがあります。そのため、まとめられるプロセスはなるべく1つの仮想マシンにまとめるよう構成したほうがよいケースがあります。

また、プロセスごとにコンテナを分けることで、複数のプロセスが同じファイルなど共有リソースに同時にアクセスすることによって起こる競合状態や、競合状態に起因する不具合の発生を防ぐことも可能です。

■ コンテナは競合状態を防ぐことができる

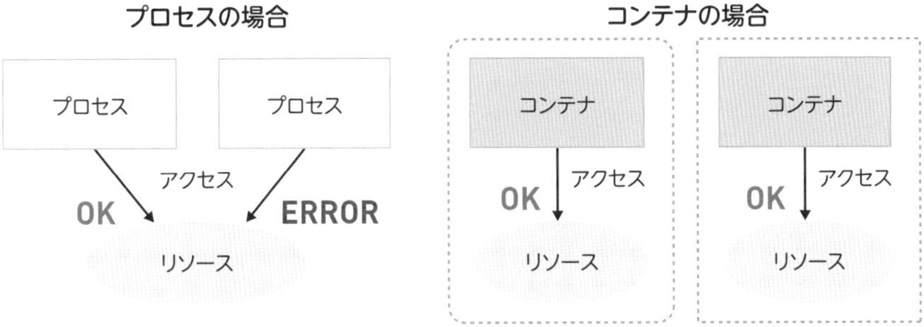

プロセスごとにコンテナを分けるデメリット

プロセスごとにコンテナを分けるデメリットとして、1つのシステムを動かすために複数のコンテナを起動する必要があるため、管理が複雑になる点が挙げられます。小さな問題に見えますが、コンテナの数が増えれば増えるほど深刻な問題です。この問題を解決するためのアプローチの1つが**コンテナオーケストレーション**であり、コンテナオーケストレーションについては次の章で詳しく解説します。

また、これはDockerによる現象ではありませんが、ソフトウェア自体が他のソフトウェアと同じリソースを共有することを前提として設計されている場合、プロセスごとにコンテナを分けることによって不具合が発生する恐れがあります。このようなソフトウェアを取り扱う場合はプロセスごとにコンテナを分けることに執着せず、1つのコンテナ内で複数のプロセスを実行したほうがよい場合もあります。

■ コンテナが増えるほど管理は複雑化

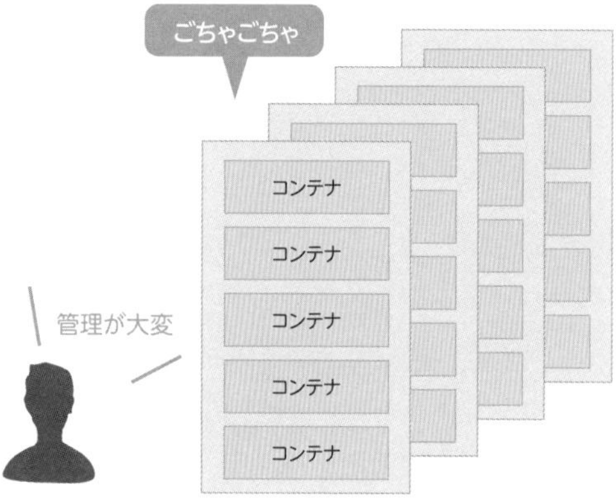

ボリュームとは

コンテナに作成や削除といったいくつかの状態があることは、P.088で解説しました。コンテナは削除するとコンテナ上のデータが消えてしまうので、データを残しておきたい場合、Dockerの**ボリューム**と呼ばれる機能を利用できます。ボリュームは、**コンテナによって読み書きされるデータを永続化するためのしくみ**です。永続化とは、プログラムが終了しても、データが失われないように保存することです。ボリュームはDockerが管理するディレクトリ（領域）であり、名前で管理することができます。同じボリュームを、複数のコンテナのファイルシステムに同時にマウント（データやファイルを、コンテナの中から利用できるようにすること）も可能です。

また、同じデータベースを利用するアプリケーションなど、複数のプロセスでファイルシステムを共有する必要がある場合にボリュームを使うと、**コンテナ間でファイルシステムを共有できる**ので、それぞれのプロセスを個々のコンテナに分けられる場合もあります。

ボリュームとよく似た機能として「バインドマウント」と呼ばれる機能があります。バインドマウントはホストOSのファイルシステムをコンテナにマウントする点が、ボリュームとは異なります。バインドマウントもファイルシステムを共有するために利用できますが、制約が多いため、ボリュームの利用が推奨されています。なお、バインドマウントは主に、ホストとコンテナの間でファイルシステムを共有するための方法として用いられます。

■ボリュームとバインドマウント

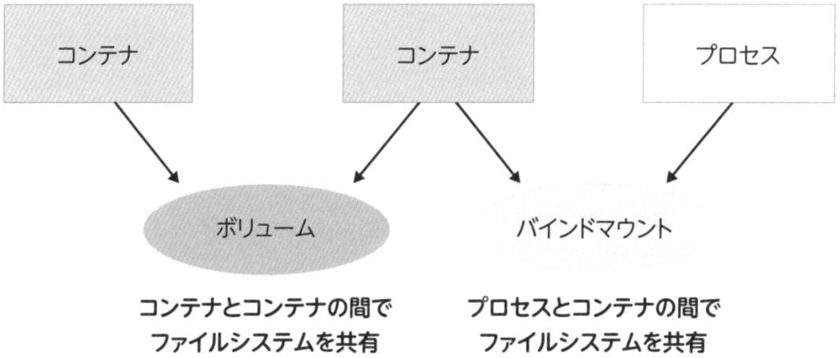

まとめ

- Dockerではプロセスごとにコンテナを分けることが推奨されている
- ボリュームはコンテナによって読み書きされるデータを永続化するためのしくみ
- ボリュームを利用すれば複数のコンテナでファイルシステムを共有することが可能

32 名前空間 ～作業空間を分離するためのしくみ

ここまで、コンテナが通常のプロセスと異なる点は、他のプロセスから隔離されるように設定されていること、と説明しました。この「他のプロセスから隔離する」ために、Dockerでは「名前空間」と呼ばれるしくみを利用しています。

名前空間とは

名前空間とはリソースのラッパー（覆うもの）であり、名前空間の内部のプロセスに対して、外部のプロセスから隔離されているように見せるしくみです。「名前空間」や「隔離」という言葉の響きから、いかにも1つの空間をいくつかに区切っているような状況をイメージしてしまいます。しかし名前空間の実際の役割は、**内側から外側を見えなくするだけ**であり、そういった意味では空間というよりもむしろフィルターとしての役割を果たします。名前空間のしくみを一言で表すと「見えないなら、ないのと同然」ということができます。

■ 名前空間のしくみ

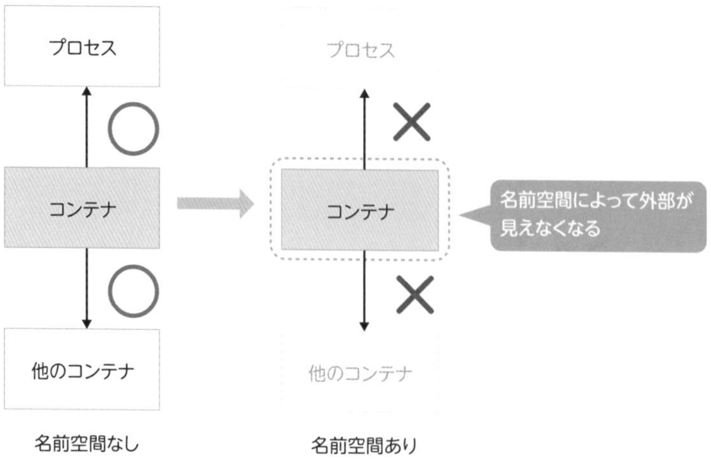

名前空間とコンテナ

Dockerでは**名前空間のしくみを使って、コンテナを他のコンテナから隔離**しています。名前空間の実態は特殊なフラグを指定して実行されるプロセスであり、このプロセスの子プロセスが名前空間のメンバーとなります。

コンテナを実行するとき、Dockerデーモンは最初にそのコンテナ専用の名前空間となるプロセスを作成し、次に名前空間のメンバーとしてコンテナに含まれるプロセスを実行します。この手順がコンテナを実行する度に行われることであり、それぞれのコンテナに専用の名前空間が作成されるため、コンテナは他のコンテナから隔離されます。

■名前空間の実態は特殊なプロセス

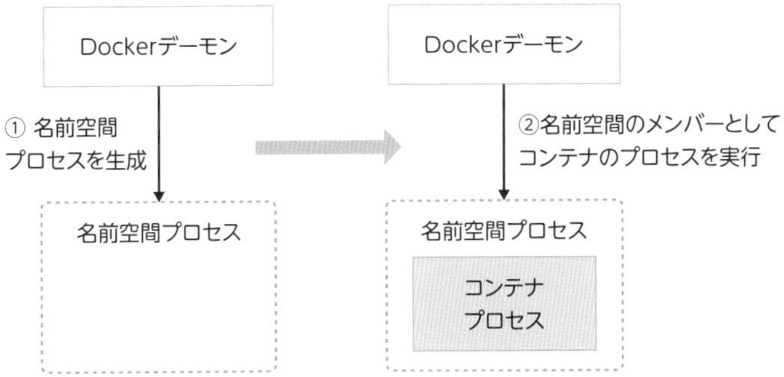

名前空間によって隔離されるリソース

名前空間はさまざまなリソースを隔離することができます。Dockerが使う名前空間と、名前空間によって隔離することができるリソースを次の表に示します。一例として、「PID名前空間」はプロセスIDをコンテナの外部から隔離し、異なるコンテナで同じプロセスIDを使用可能にします。また、ネットワーク名前空間はネットワークインターフェイスやポート番号をコンテナの外部から隔離し、コンテナごとに異なるIPアドレスを割り当て可能にします。その他の名前空間もそれぞれ対象とするリソースをコンテナの外部から隔離し、コンテナの独立性を高めます。

■名前空間によって隔離されるリソース

名前空間	隔離することができるリソース
PID名前空間	プロセスID
ネットワーク名前空間	ネットワークインターフェイス、ポート番号
IPC名前空間	プロセス間通信
マウント名前空間	ファイルシステム
UTS名前空間	ホスト名

control groupsとは

名前空間を使うことによって、コンテナごとにリソースを隔離することができます。しかし、コンテナが使用できるCPUのコア数やメモリ容量、ディスクI/Oなどのハードウェアリソースの使用量を制限することは、名前空間ではできません。これらのハードウェアリソースの使用量を制限するためには**control groups（cgroups）**と呼ばれる別のしくみを用います。control groupsによって**コンテナが利用可能なハードウェアリソースの使用量に上限を設ける**ことで、あるコンテナがマシンのリソースを消費し尽くして別のコンテナに影響を及ぼす状況を防ぐことができます。なお、単数形で「cgroup」と表記する場合は制限の対象となるプロセスの集合を意味します。また、複数形で「cgroups」と表記する場合はハードウェアリソースの使用量を制限するしくみを意味するケースと、複数のcgroupを意味するケースの2通りがあるので、文脈によって判断する必要があります。

control groupsの階層構造

control groupsは、ファイルシステムにおけるディレクトリと同じように、階層構造になっています。control groupsの設定を変更する場合は、「cgroupfs」と呼ばれるファイルシステムライクなインターフェイスを使用します。上位のcgroupの設定は下位のcgroupへ引き継がれ、下位のcgroupが上位のcgroupによって設定された制限を超えることができないようになっています。

■ control groupsは階層構造になっている

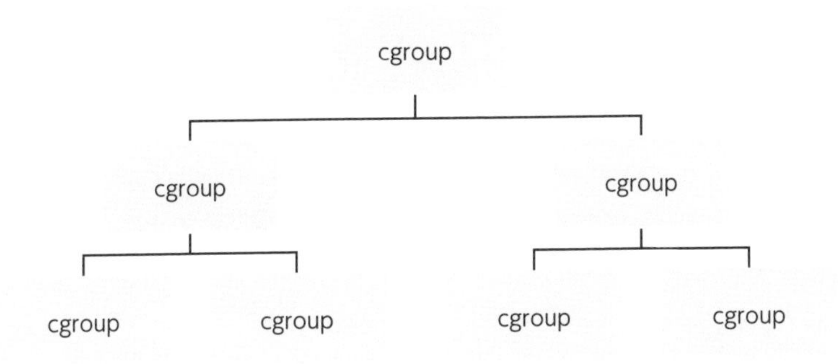

まとめ

- 名前空間は内部のプロセスに対して外部のプロセスから隔離されているように見せるしくみ
- Dockerでは名前空間のしくみを使ってコンテナを他のコンテナから隔離している
- control groups（cgroups）はコンテナが利用可能なハードウェアリソースの使用量を制限するしくみ

33 差分管理
～ Docker の高速なデプロイを支えるしくみ

Dockerでは差分管理と呼ばれるしくみを使って高速なデプロイを実現しています。本節では、差分管理の概念やメリット／デメリット、差分管理がどのように使われているのかを見ていきましょう。

差分管理とは

差分管理とは**ベースとなるものがあり、そのベースとの相違点を記録していくことによって変更を管理する方法**のことです。Dockerは、コンテナイメージに含まれるファイルシステムに、差分管理のしくみを使用しています。差分管理の例として、企画書や報告書などの文書を作成している状況を想定しましょう。文書が完成して印刷が終わったあとに誤字脱字が発見された場合、誤字や脱字を修正してすべてを印刷し直すこともできますが、修正箇所と修正内容を明記した正誤表を添付して、読者のほうで適宜参照してもらうこともできます。

■差分管理のしくみ

イメージレイヤーの特徴

コンテナイメージに含まれるファイルシステムは複数のレイヤー（層）から構成されており、それぞれのレイヤーには直前のレイヤーとの差分のみが記録されています。したがって、レイヤーがあっても直前のレイヤーからの変更が一切なければ、何のデータも含まれないことがあります。逆に、直前の変更を打ち消して2つ前のレイヤーに戻すような操作を行ったとしても、変更の1つとしてレイヤーに記録されます。コンテナイメージに含まれるレイヤーは**イメージレイヤー**と呼ばれ、次に説明するコンテナレイヤーとは区別して用いられます。イメージレイヤーは**読み込み専用**であり、新しいファイルをイメージレイヤーに追加したり、イメージレイヤー内に存在するファイルを変更したりすることはできません。

■ コンテナイメージの構成

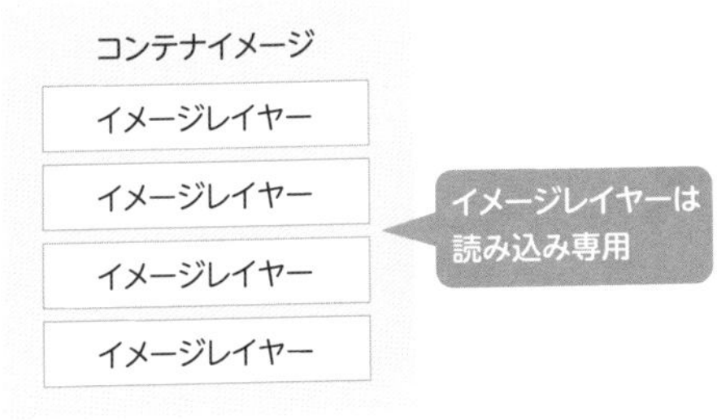

コンテナレイヤーの特徴

コンテナを起動すると、コンテナ内のプロセスによるファイルの追加や変更を記録するためのレイヤーがイメージレイヤーの上に作成されます。このレイヤーは**コンテナレイヤー**と呼ばれ、**書き込み可能**である点が読み込み専用であるイメージレイヤーとは異なっています。コンテナ内のプロセスがイメージレイヤーに含まれるファイルを変更しようとする場合、対象となるファイルがイメージレイヤーからコンテナレイヤーにコピーされた上で、コピーされたものに変更が加えられます。なお、このような変更の方法は**コピー・オン・ライト戦略**と呼ばれ、Dockerの迅速なファイルの読み書きを支えています。

一方、コンテナ内のプロセスがファイルを読み込もうとする場合、コンテナレイヤーを含むすべてのレイヤーから対象となるファイルが検索され、該当するファイルの中からもっとも新しいものが読み込まれます。コンテナレイヤーはコンテナとライフサイクルを同じにしており、コンテナを削除するとそのコンテナの起動時に作成されたコンテナレイヤーも同時に削除されます。コンテナの状態は、Dockerコマンドの実行やDocker内のプロセスの終了などをトリガーにして変化します。

■ コンテナレイヤー

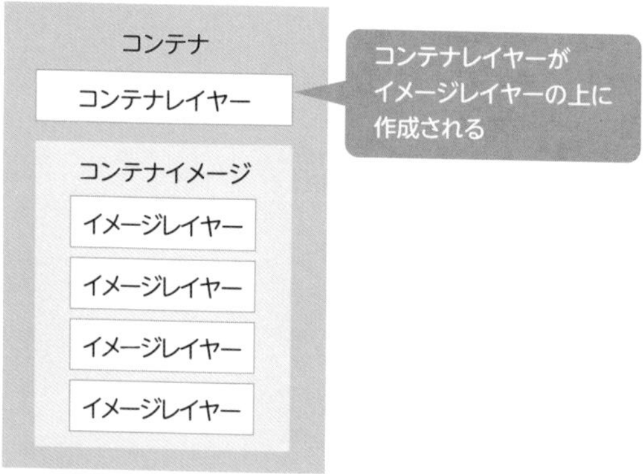

差分管理のメリットとデメリット

差分管理のおかげで、コンテナを起動するたびに、コンテナイメージに含まれるファイルをコンテナレイヤーにすべてコピーする必要がありません。そのため、Dockerでは、高速なデプロイが実現されています。また、ファイルの追加や変更が行われた場合に変更があったものだけが記録されるので、データの容量も削減します。一方、コピー・オン・ライト戦略によってファイルに変更が加えられる際はファイルのコピーが発生するため、ファイルの書き込みが多いアプリケーションの場合は著しく性能が低下する恐れもあります。このような場合、Dockerのボリュームのしくみを使ってコンテナレイヤーへの書き込みを減らすと、性能の低下を防ぐことができます。

■ファイルがコピーされるのは書き込むときだけ

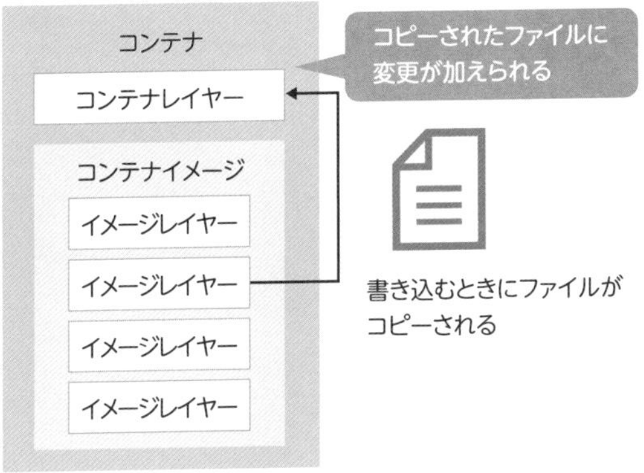

まとめ

- 差分管理はベースとの相違点を記録して変更を管理する方法
- コンテナイメージに含まれるファイルシステムは直前との差分を記録する複数のレイヤーから構成されている
- 差分管理のおかげで起動時のコピーが不要となり高速なデプロイが実現されている

34 Swarm mode ～クラスタを管理する機能

コンテナは大変便利な技術ですが、コンテナの数が増えたりマシンが増えたりするほど、管理は複雑になります。Dockerには、複数のコンテナやマシンをまとめて管理できるSwarm modeという機能があります。

Swarm modeとは

Swarm modeとは、**Dockerエンジンに設けられたクラスタ管理の機能**のことです。また**クラスタ管理**とは、**複数のマシンなどをまとめて管理すること**です。Dockerエンジンには、Swarm modeが「有効」または「無効」という2つの動作モードがあり、Swarm modeが有効であるDockerエンジンをDockerホストと呼びます。Dockerにおけるクラスタとは複数のDockerホストから構成される集合体のことであり、Dockerではクラスタを「Swarm」と呼びます。ちなみに、Swarm（スウォーム）は日本語で「うじゃうじゃした群れ」を意味します。Dockerホストは、Swarm内ではノードと呼ばれる場合もあります。

■Swarm

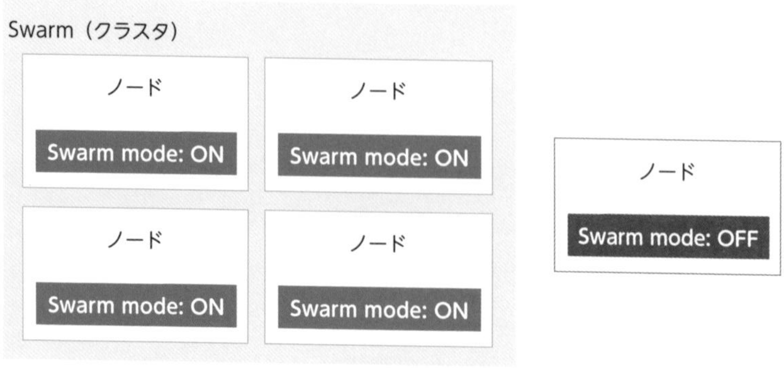

マネージャーとワーカー

Dockerでは Swarm内のノードに、マネージャー、ワーカーまたはマネージャー兼ワーカーの3つの役割から1つが与えられます。

マネージャーはワーカーを管理してSwarmのあるべき状態を維持することに加え、Swarmへの要求を受け入れる窓口となるエンドポイントを提供する役割を担います。

一方、ワーカーはマネージャーからの指示に従ってコンテナを実行する役割を担います。ワーカーの数が多くなるほど、Swarm内で実行できるコンテナの数を増やすことができます。

また、Swarmは複数のマネージャーを含むことが可能です。一部のマネージャーに障害が発生しても他のマネージャーが代わりにワーカーの管理を引き継ぐことによって、Swarm全体がダウンする状況を防ぐことができます。

■ マネージャーとワーカー

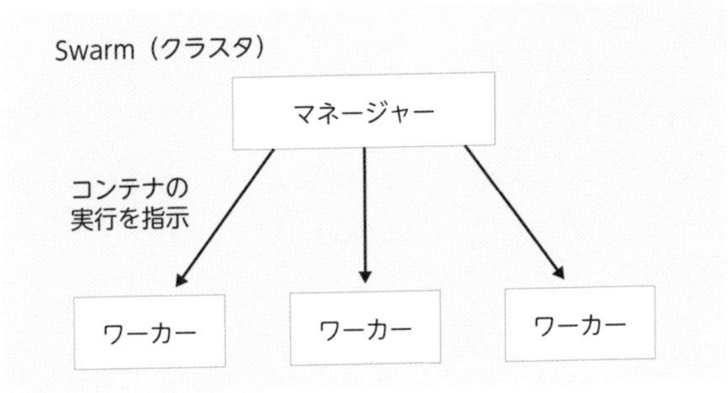

サービスとタスク

マネージャーであるノードは「Swarmのあるべき状態を維持する」と述べましたが、このあるべき状態は**サービス**と呼ばれます。サービスにはSwarm内で実行するコンテナのコンテナイメージやコンテナ内で実行するコマンドに加え、そのコンテナを複製する数といったさまざまな指示が定義されます。ユーザーがSwarm内でコンテナを実行する際、マネージャーはユーザーからサービスを受け入れます。マネージャーはサービス定義をもとにコンテナを実行するワーカーを計画し、ワーカーにコンテナを実行するように指示します。ワーカーで実行されるコンテナは**タスク**と呼ばれ、サービスを管理するための最小単位となります。

■ サービスとタスク

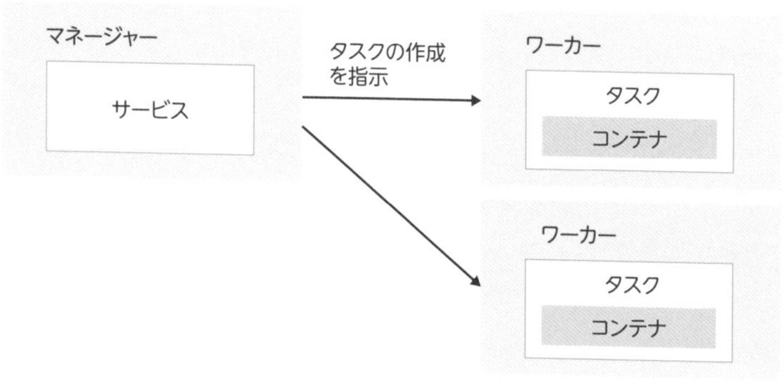

クラスタを管理するツール

Dockerエンジンが標準で備えるSwarm modeは、Dockerにおけるクラスタ管理／オーケストレーションの本命と考えられていました。しかし、DockerがSwarm modeと同等の機能を持つコンテナオーケストレーションツールのKubernetesを正式にサポートしたことによって、風向きが大きく変わりました。今後はKubernetesが主流になっていくことが予想され、本書においても次の章では、Kubernetesについて取り上げます。

まとめ

- **Swarm modeはDockerエンジンに設けられたクラスタ管理の機能**
- **Dockerにおけるクラスタ管理／オーケストレーションはKubernetesが主流になっていく**

35 主要なDockerコマンド ～必須コマンドのポイントを紹介

Dockerでコンテナやコンテナイメージを操作する際は、コマンドを使用します。本節では、コンテナを操作する上でよく使うコマンドを解説します。Dockerではどのようなコマンドを使うのか、イメージをつかみましょう。

Dockerコマンドを利用できる環境

CentOSやUbuntuなどのLinux OSを利用している場合、yumやaptなどのパッケージ管理システムを使ってDockerをインストールすることができます。

一方、Linux以外のOS（WindowsやmacOSなど）を利用している場合は、VirtualBoxなどの仮想化ソフトウェアを使って構築した仮想マシン上のLinuxにDockerをインストールすることができます。ただし、WindowsやMac向けのDocker Desktopをインストールするほうがかんたんです。

■Docker Desktop

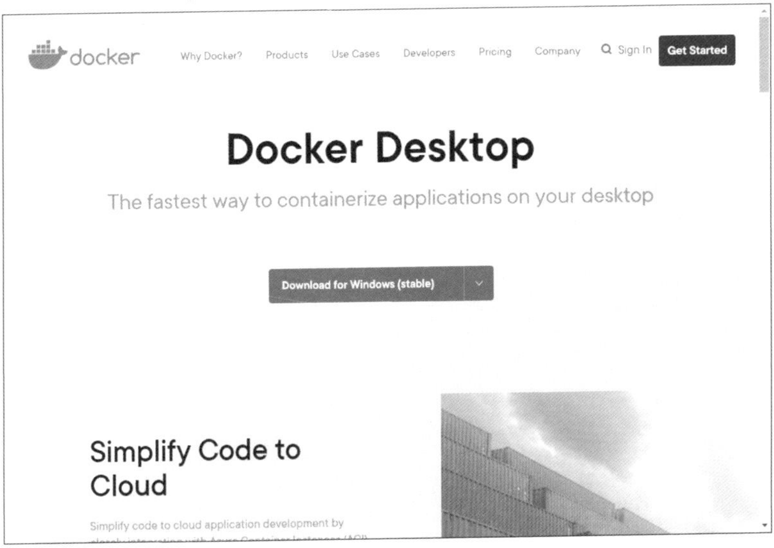

Docker Desktop（https://www.docker.com/products/docker-desktop）

Dockerでコンテナやコンテナイメージを管理する際は、コマンドを使用します。このDockerコマンドはコマンドライン操作で実行するので、LinuxやMacであればターミナルを使い、WindowsであればコマンドプロンプトやPowerShellを使います。一例として、Macのターミナルで「docker info」コマンドを実行した様子を示します。

■ターミナルで「docker info」コマンドを実行する様子

susukida — -zsh — 80×24

```
~$ docker info
Client:
 Debug Mode: false

Server:
 Containers: 77
  Running: 22
  Paused: 0
  Stopped: 55
 Images: 208
 Server Version: 19.03.8
 Storage Driver: overlay2
  Backing Filesystem: <unknown>
  Supports d_type: true
  Native Overlay Diff: true
 Logging Driver: json-file
 Cgroup Driver: cgroupfs
 Plugins:
  Volume: local
  Network: bridge host ipvlan macvlan null overlay
  Log: awslogs fluentd gcplogs gelf journald json-file local logentries splunk s
yslog
 Swarm: active
  NodeID: rg7a9b2tb373mled80jr2d7f5
```

Dockerコマンドの基本

Dockerコマンドは「docker」から始まり、その次に「info」や「version」などのコマンドが続きます。コマンドの中でも「container」や「image」は**マネージメントコマンド**と呼ばれ、マネージメントコマンドのあとにはさらにコマンドが続きます。ほとんどのコマンドではオプションを指定することができ、オプションはハイフン1文字（-）と英字1文字の組み合わせ、またはハイフン2文字（--）と英単語の組み合わせで表されます。オプションの中でも、「-h / --help」オプションは、使い方を表示するのによく使用されます。

コンテナの起動／デタッチ／表示／停止／削除

コンテナを起動するには、「docker container run」コマンドを実行します。ここでは、CentOSのイメージをもとにコンテナを起動し、コンテナ内でシェル（/bin/bash）を実行しています。「-i」オプションはコンテナへのキーボード入力を有効にするオプションであり、「-t」はシェルのプロンプト表示を有効にするオプションです。

```
~$ docker container run -i -t centos:latest /bin/bash
```

コンテナを起動したままの状態でコンテナから抜け出す操作を、**デタッチ**と呼びます。コンテナからデタッチするには、Ctrlキーと Pキーを同時に押したあとに Ctrlキーと Qキーを同時に押します。

```
~$ docker container run -i -t centos:latest /bin/bash
[root@0123456789ab]# (Ctrl+P Ctrl+Q)
~$
```

起動したコンテナの状態を確認するには、「docker container ls」コマンドを実行します。実行すると、コンテナのIDやコンテナのもとになっているイメージなどを確認できます。

```
~$ docker container ls
CONTAINER ID        IMAGE               COMMAND             CREATED
STATUS              PORTS               NAMES
0123456789ab        centos:latest       "/bin/bash"         8 minutes ago
Up 8 minutes                            jolly_stonebraker
```

起動中のコンテナを停止するには、「docker container kill」コマンドを実行します。

```
~$ docker container kill 0123456789ab
```

コンテナの停止後も、コンテナレイヤーは残っています。コンテナレイヤーを表示するには、「docker container ls -a」コマンドを実行します。「-a」は、停止中のコンテナもすべて表示するオプションです。

```
~$ docker container ls -a
CONTAINER ID        IMAGE               COMMAND             CREATED
STATUS                          PORTS               NAMES
0123456789ab        centos:latest       "/bin/bash"         12 minutes ago
Exited (137) 2 minutes ago                          jolly_stonebraker
```

コンテナレイヤーを削除するには、「docker container rm」コマンドを実行します。

```
~$ docker container rm 0123456789ab
```

コンテナイメージの作成／表示／削除

コンテナイメージを作成するには、「docker container commit」コマンドを実行します。ここでは、リポジトリを「my-repositry」、タグを「my-tag」にしています。

```
~$ docker container commit 0123456789ab my-repository:my-tag
```

コンテナイメージを表示するには、「docker image ls」コマンドを実行します。実行すると、リポジトリやタグ、イメージIDなどを確認できます。

```
~$ docker image ls
REPOSITORY          TAG                 IMAGE ID            CREATED
SIZE
my-repository       my-tag              c27f7838503b        4 seconds ago
220MB
```

コンテナイメージを削除するには、「docker image rm」コマンドを実行します。

```
~$ docker image rm my-repository:my-tag
```

Dockerfileによるコンテナイメージの作成

コンテナイメージを作成するコマンドを紹介しましたが、実際は手作業によるコンテナイメージの作成は行わず、コンテナイメージの作成に必要なコマンドをテキストファイルにまとめます。このテキストファイルを**Dockerfile**と呼びます。Dockerは、Dockerfileに書かれた手順を読み込んで実行し、自動的にコンテナイメージを作成します。Dockerfile内で使用される主要な命令を、次の表に示します。

■Dockerfile内で使用される主要な命令

命令	説明
FROM	ベースとなるコンテナイメージを指定する
WORKDIR	コンテナの作業ディレクトリを指定する
COPY	ファイルやディレクトリをコンテナへコピーする
RUN	コンテナ内でコマンドを実行する
EXPOSE	コンテナが外部へ公開するポートを宣言する
CMD	デフォルトの起動コマンドを指定する

一例として、Node.js（サーバーサイドのJavaScript実行環境）のWebアプリケーションのコンテナイメージを作成するDockerfileを示します。

■Dockerfileの例

```
FROM node:lts-alpine

WORKDIR /usr/src/app
COPY package.json ./
COPY yarn.lock ./
RUN yarn --production
```

```
# .dockerignoreファイルによってnode_modulesディレクトリはコピーされない
COPY . .
EXPOSE 3000
CMD ["node", "server.js"]
```

例に示したDockerfileの内容は、次のようになっています。

- ベースとなるコンテナイメージに「node:lts-alpine」を指定
- コンテナの作業ディレクトリに「/usr/src/app」を指定
- ローカルの「package.json」や「yarn.lock」をコンテナの作業ディレクトリへコピー
- コンテナ内で「yarn --production」のコマンドを実行
- ローカルのカレントディレクトリからすべてのファイルをコンテナの作業ディレクトリへコピー
- コンテナが外部へ公開するポートとして3000/TCPを宣言
- デフォルトの起動コマンドとして「node server.js」を指定

Dockerコマンドの使い所

Dockerコマンドは、インストールせずにさまざまなソフトウェアを実行できる点がとても便利です。たとえば、Webサーバーのnginxを起動したい場合、下記のコマンドを実行するだけです。

```
docker container run -v $PWD:/usr/share/nginx/html:ro -d -p 8080:80 nginx
```

「-v」はローカルの指定ディレクトリへコンテナがアクセスすることを有効にするオプションであり、「-d」はアタッチせずにコンテナを起動するオプションです。また、「-p」はローカルのポートにコンテナのポートを割り当てるオプションです。上記のコマンドではローカルの8080/TCPをコンテナの80/TCPに割り当てています。

その他実体験としては、Macのgcc（C言語のコンパイラ）でm32（32ビット環境用にコンパイルするオプション）を有効にしてC言語のプログラムをコンパイルすることができなかったときに、次のDockerfileを使って解決しました。

■ Dockerfileの例

```
FROM centos:latest

RUN yum install -y gcc glibc-devel.i686
CMD "/bin/bash"
```

その際、合わせて次のDockerコマンドを使いました。

```
docker image build -t mygcc:latest .
docker container run -v $PWD:/root -w /root mygcc gcc -m32 -o main main.c
```

「docker image build」はDockerfileにしたがってコンテナイメージを作成するコマンドです。「docker container run」の「-w」は作業ディレクトリを指定するオプションであり、上記のコマンドでは「/root」が指定されます。

オープンソースソフトウェアの中には、プレビュー版をコンテナイメージとして提供しているものがあります。たとえば、オープンソースのSlackクローンであるMattermostの場合、下記のDockerコマンドを実行するだけですぐにソフトウェアを試すことができます。

```
docker run --name mattermost-preview -d --publish 8065:8065 --add-host
dockerhost:127.0.0.1 mattermost/mattermost-preview
```

「--publish」は「-p」と同じオプションであり、上記のコマンドではローカルの8065/TCPをコンテナの8065/TCPに割り当てています。また、「--add-host」はホスト名にIPアドレスを割り当てるオプションであり、上記のコマンドではdockerhostに127.0.0.1を割り当てています。

このように、面倒なインストールにわずらわされることなく、すぐにソフトウェアを利用できることはDockerの大きな魅力の1つです。

まとめ

- **Dockerでコンテナやコンテナイメージを操作する際はコマンドを使用する**

36 Docker Hub ～コンテナイメージを共有できるサービス

ビルドされたコンテナイメージは、コンテナレジストリを介して配布されます。本節では、世界最大のコンテナレジストリサービスであるDocker Hubについて解説します。

Docker Hubとは

Docker Hubとは、Docker社が提供している世界最大のコンテナレジストリサービスです。Docker Hubにはさまざまなソフトウェアのコンテナイメージが登録されており、ユーザーはDocker Hubからコンテナイメージを取得して実行することで、ソフトウェアを利用できます。

また、Docker Hub上では**リポジトリ**と呼ばれるコンテナイメージの保管場所を作成することができます。Docker Hubでは公開／非公開の両方のリポジトリが作成可能であり、非公開として設定されたリポジトリには所有者だけがアクセスすることができます。なお、作成できる非公開リポジトリの数は、月額利用料などによって異なります。

■ Docker Hub

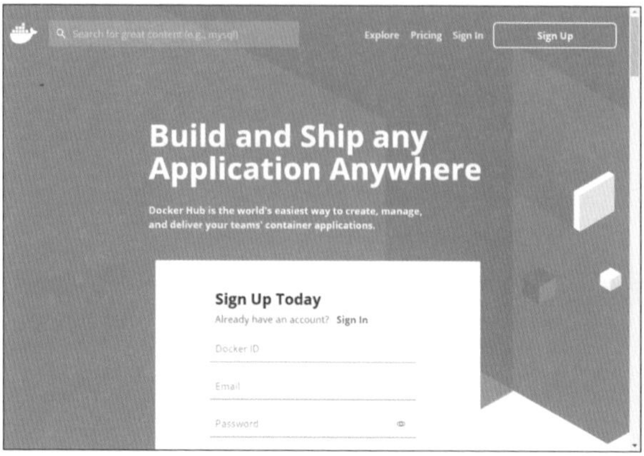

Docker Hub（https://hub.docker.com/）

コンテナレジストリとは

コンテナレジストリとは、**コンテナイメージの保管と配布の2つの役割を担うDockerのコンポーネント**です。コンテナレジストリの実体は、レジストリサーバー上で動作するアプリケーションです。Docker Registry HTTP APIというプロトコルでコンテナレジストリと通信することによって、コンテナイメージのアップロードやダウンロードを行えます。なお、コンテナレジストリへコンテナイメージをアップロードすることを**プッシュ**と呼び、逆にコンテナレジストリからコンテナイメージをダウンロードすることを**プル**と呼びます。コンテナレジストリのソフトウェア自体も「registry」という名称でDocker Hubに登録されており、ユーザーはregistryのコンテナイメージをプルしてレジストリサーバー上で実行することで、自分専用のコンテナレジストリを運用できます。

■ コンテナレジストリ

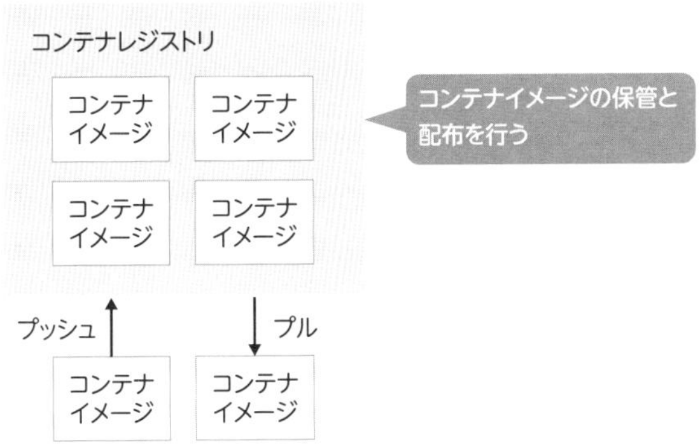

リポジトリとタグ

コンテナレジストリが複数のリポジトリを含むのに対し、リポジトリは複数のコンテナイメージを含みます。同じリポジトリには無関係のコンテナイメージが含まれることはなく、通常は、同じコンテナイメージで異なるバージョンなどが含まれます。リポジトリでは、コンテナイメージに**タグ**と呼ばれるラベルを付けて管理します。タグには、たとえば「latest」や「stable」などの意味を示すものを指定します。コンテナレジストリとリポジトリは名前が似ていて混同しやすいので、注意しましょう。

■リポジトリとタグ

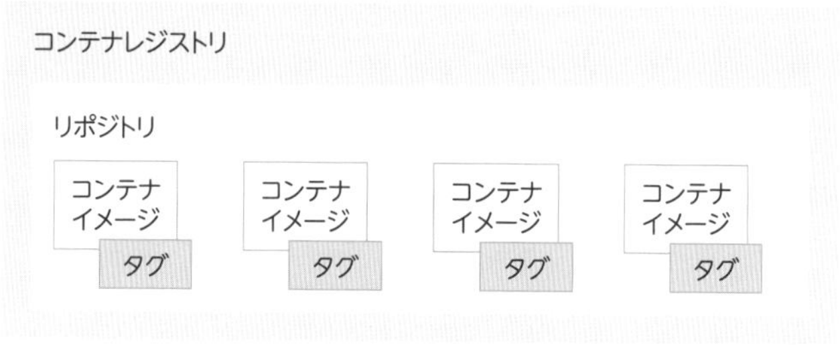

Docker Hub以外のコンテナレジストリサービス

コンテナレジストリサービスは、Docker Hubだけではなく主要なクラウドサービスでも提供されています。たとえば、AWSはAmazon ECR（Amazon Elastic Container Registry）、GCPはContainer Registry、AzureはAzure Container Registryという名称で、それぞれコンテナレジストリサービスを提供しています。これらのサービスを利用すると、Docker Hubとは異なる料金体系で非公開のリポジトリを作成することができます。また、これらのサービスはコンテナレジストリとしての基本的な機能は共通していますが、それぞれのクラウドから提供されるほかのサービスと連携しやすい点が特徴です。

まとめ

- **Docker HubはDocker社が提供している世界最大のコンテナレジストリサービス**
- **コンテナレジストリはコンテナイメージの保管と配布の2つの役割を担うDockerのコンポーネント**

5章

コンテナ オーケストレーションツール「Kubernetes」

コンテナは非常に便利ですが、数が増えると、管理や運用が複雑になっていきます。その負荷を軽減するために用いられるのが、コンテナオーケストレーションツールである「Kubernetes」です。本章では、Kubernetesについて学びましょう。

37 コンテナオーケストレーション ～コンテナを管理する際に必要な作業とは

コンテナやコンテナを起動するマシンが増えれば増えるほど、手動で管理するのは大変です。ここでは、コンテナの管理・運用を自動化する「オーケストレーション」の必要性について見ていきましょう。

オーケストレーションとは

オーケストレーション（orchestration）は「指揮」や「編成」を意味する単語であり、コンテナ技術においては**コンテナの管理・運用を自動化すること**を表します。ここで「コンテナの管理・運用」と一言で述べましたが、実際にコンテナを管理・運用する際はどのような作業が必要となるのでしょうか？　複数のコンテナ（Webサーバー、APサーバー、DBサーバー）から構成されるWebアプリケーションを例に挙げながら、「負荷分散」「死活監視」「スケーリング」の3点について、どのような作業を行うかを見ていきましょう。

■ オーケストレーション

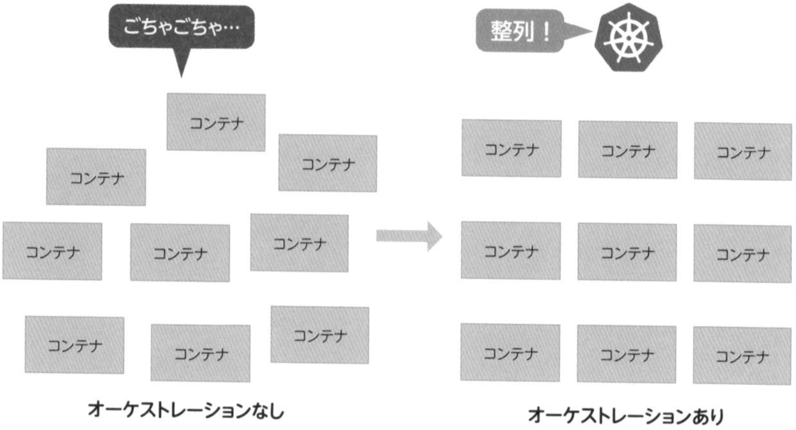

負荷分散

コンテナ技術における**負荷分散**とは、**複数のコンテナへリクエストを振り分けて負荷を分散すること**です。負荷分散を行う手段の1つとして、リクエストを振り分ける負荷分散装置を、リクエストを処理するコンテナの前段に設ける方法があります。先ほどのWebアプリケーションの場合、Webサーバー、APサーバー、DBサーバーの各層の前段に負荷分散装置を設けます。負荷分散装置でコンテナ1台あたりの負荷を軽減することで、処理時間を短縮したり、単位時間あたりに処理できるリクエストの数を増やしたり、システムの性能を向上させたりすることができます。

■負荷分散

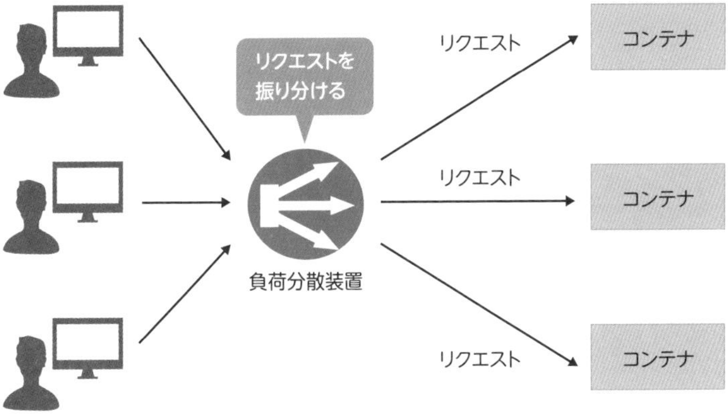

死活監視

コンテナ技術における**死活監視**とは、**システムを構成するコンテナが正常に稼働しているかどうかを監視すること**です。死活監視を行う手段の1つとして、コンテナへリクエストを送信し、それに対してコンテナが期待したレスポンスを返送するのかをチェックする方法があります。

先ほどのWebアプリケーションの場合、Webサーバー、APサーバー、DBサーバーの各層の前段に設けた負荷分散装置から、それぞれの層に含まれるコンテナへリクエストを送信し、期待したレスポンスを返送しない場合は「正常に稼働していない」と判断します。負荷分散と死活監視を組み合わせ、正常に稼働していないコンテナへの振り分けを負荷分散装置で停止することで、システムが正常に稼働している時間を長くできます。

■死活監視

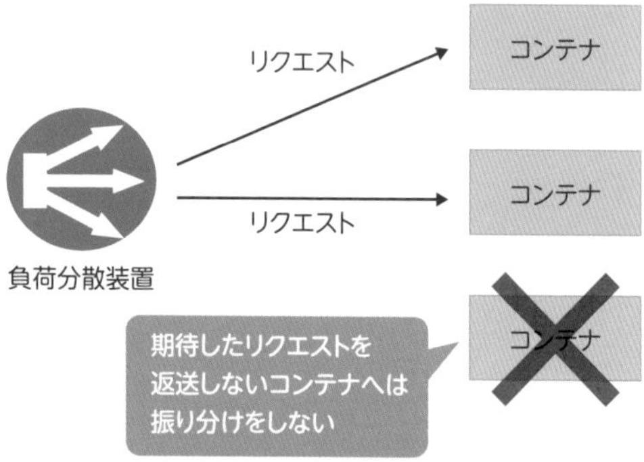

スケーリング

コンテナ技術における**スケーリング**とは、**リクエストの規模に応じてコンテナを増減させること**です。スケーリングを行う手段の1つとして、リクエストの件数などの指標が一定のしきい値を上回る／下回る場合に、リソースの増減を行う方法があります。先ほどのWebアプリケーションの場合、たとえば「直前の1分間にWebサーバー層が受信したリクエスト件数が、コンテナ1台あたり500件を超えるとき」に「Webサーバー層のコンテナを1台増やす」ように設定できます。スケーリングは、リソースの消費量を最適化するとともに、リソース不足によってシステムがダウンするなどの事態を防ぎます。

■スケーリング

オーケストレーションの重要性はますます高まる

これまで述べた負荷分散や死活監視の作業は手動で行えますが、管理・運用するコンテナの数が増えれば増えるほど、対応することは困難です。今後、コンテナを活用したアプリケーションの普及や規模拡大とともに、コンテナの管理・運用に共通の作業を自動化するオーケストレーションの重要性は、ますます高まることが予想されます。

■オーケストレーションの重要性

まとめ

- コンテナオーケストレーションはコンテナの管理・運用を自動化すること
- コンテナの管理・運用には負荷分散や死活監視、スケーリングなどの作業が必要である
- コンテナを活用したアプリケーションの普及や規模拡大とともにコンテナオーケストレーションの重要性はますます高まる

38 Kubernetesとは ～コンテナの管理・運用を自動化するツール

前節では、コンテナの管理・運用におけるオーケストレーションの重要性について解説しました。本節では、コンテナオーケストレーションツールのデファクトスタンダードであるKubernetesについて解説します。

Kubernetesとは

Kubernetesとは、**オーケストレーション（コンテナの管理・運用を自動化する）を行うツール**です。KubernetesはGoogle社によって開発され、2014年にオープンソース化されました。Kubernetesという名称はギリシャ語に由来しており、英語ではhelmsman（操舵手）やpilot（操縦士）などを意味します。Kubernetesを日本語でどのように発音するべきかはよく話題となり、「クバネティス」「クバネテス」「クーベネティス」など諸説あります。なお、Kubernetesの先頭と末尾を除く8文字（ubernete）を省略してK8sと表記し、「ケーハチエス」や「ケーエイツ」と呼ぶ場合もあります。

■ Kubernetes

Kubernetes（https://kubernetes.io/）

Kubernetesができること

Kubernetesはコンテナの管理・運用を自動化することができるので、コンテナを活用したアプリケーションの運用に要する負荷を、軽減することができます。Kubernetesを使用してできることは、負荷分散や死活監視、エンドポイント（窓口）の提供などが挙げられます。これらの点については、後の節で詳しく解説します。

■ Kubernetesができること

死活監視と停止したコンテナの再起動	エンドポイント提供と負荷分散	消費リソースを考慮したコンテナの配備
ローリングアップデートとロールバック	ストレージの管理	機密情報や構成情報の保管

Kubernetesができないこと

Kubernetesはコンテナの管理・運用に役立つさまざまな機能を提供しますが、当然ながら、Kubernetes単体ではできないこともあります。Kubernetesを使用してもできないことには、自動ビルドやミドルウェアとしての機能（データベースなど）が挙げられます。これらの点については、Kubernetes以外のツールやサービスを使って実現する必要があります。

■ Kubernetesができないこと

自動ビルド	ログの記録や監視
ミドルウェア的機能（メッセージブローカー、データベースなど）	マシン自体の管理

コンテナオーケストレーションツールのデファクトスタンダード

コンテナのオーケストレーションツールは、Kubernetesだけではありません。DockerのSwarm mode（P.106参照）もコンテナの管理・運用を自動化することができます。また、クラスタマネージャーのApache Mesosと、Apache Mesos上でコンテナを扱うためのフレームワークであるMarathonを組み合わせても、Kubernetesと同様のツールとして使用可能です。このように、コンテナオーケストレーションツールにはさまざまな選択肢がある中で、Kubernetesは2018年7月にリリースされたDocker Desktopの安定版に同梱されるなど、コンテナオーケストレーションツールのデファクトスタンダードとしての地位を築いています。

Kubernetesクラスタとは

Kubernetesによって、大量のコンテナやマシンで構築されたサービスの管理・運用にかかる負荷を軽減できます。このようなマシンの集合のことをクラスタと呼び、Kubernetesによって管理されるクラスタのことを**Kubernetesクラスタ**といいます。なお、クラスタを構成する各マシンは**ノード**と呼ばれます。

ノードの役割には2種類ある

ノードの役割として、実際にポッド（Kubernetesがコンテナを管理する最小の単位。P.128参照）を起動する**ワーカーノード（略してワーカー）**とワーカーを指揮する**マスターノード（略してマスター）**の2種類があります。なお、ポッドには1つ以上のコンテナ（Dockerを利用する場合は、Dockerコンテナ）が存在します。ユーザーがワーカーに直接アクセスしてポッドを起動することはなく、マスターとのやりとりを通じて、ワーカー上にポッドを起動します。ワーカーとマスターでは、コンテナの起動や監視にかかわるさまざまなプログラムが実行されますが、P.168で詳しく解説します。まずは、ワーカーとマスターという役割が異なるノードがあることを理解しておきましょう。

■ ワーカーとマスター

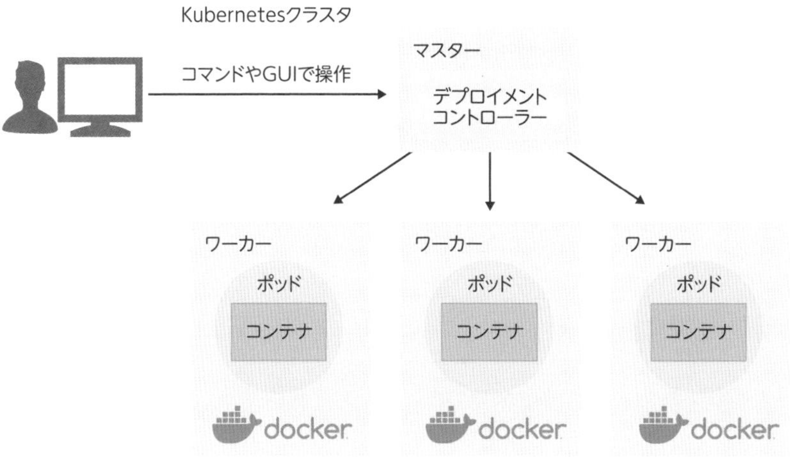

まとめ

- Kubernetesはオーケストレーション（コンテナの管理・運用を自動化する）を行うツール
- KubernetesクラスタはKubernetesによって管理されるマシンの集合
- ノードには実際にポッドを起動するワーカーとワーカーを指揮するマスターの2種類がある

39 ポッド
～Kubernetesがコンテナを管理する単位

これまで、オーケストレーションやKubernetesの全体像について解説しました。ここからは、Kubernetesのしくみについて見ていきましょう。まずは、Kubernetesがコンテナを管理する最小単位であるポッドについて解説します。

ポッドとは

ポッド（Pod）とは、**Kubernetesがコンテナを管理するための最小単位**であり、**1つ以上のコンテナから構成**されます。同じポッドに含まれるコンテナはストレージやネットワークを共有しており、これらを介して相互にやりとりすることができます。また、プロセスの名前空間を共有する設定ができるので、あるコンテナに含まれるプロセスから別のコンテナに含まれるプロセスを参照することも可能です。

同じポッドに含まれるコンテナは、ライフサイクルが同じです。そのため、ポッド内のあるコンテナが起動していれば他のすべてのコンテナも起動しており、あるコンテナが停止していれば他のすべてのコンテナも停止しています。

■ ポッドは1つ以上のコンテナから構成される

同じポッドに含めるかどうかの判断基準

通常、同じポッドに含まれるコンテナは、他のコンテナと密接な関係があります。まったく無関係なコンテナ同士を同じポッドに含めることは可能ですが、推奨されません。また、関係はあるが、同じポッド内で起動する必要がないコンテナ同士は、なるべく別々のポッドに含めることが推奨されます。

たとえば、1つのポッド内にWebサーバー、APサーバー、DBサーバーの3つのコンテナを含めることも可能です。しかし、コンテナはネットワークを介して通信できるため、必ずしも同じポッド内で起動する必要がありません。それよりも、3つのポッドにそれぞれのコンテナを含めるほうが望ましい使い方といえます。このように別々のポッドに分けると、必要なコンテナのみをピンポイントで起動することや細かな粒度でスケーリングすることができます。

■別々のポッドに含める

ポッドの必要性

1つのポッド内で複数のコンテナを起動できるのと同様に、1つのコンテナ内で複数のプロセスを起動することができます。では、なぜコンテナの代わりにポッドという単位が必要なのでしょうか？　大きな理由の1つは、コンテナ内で複数のプロセスを起動する場合は、プロセスの管理をユーザー自身で行う必要があるのに対し、**ポッド内で複数のコンテナを起動する場合はコンテナの管理をKubernetesに任せられる**点です。

コンテナの管理をKubernetesへ任せることで、コンテナごとにユーザー自身でプロセスを管理するのに比べて、運用の負荷やリソースの消費量を減らすことができます。また、コンテナごとに必要最小限のパッケージをインストールしてなるべく余分なものを減らすなど、ソフトウェアの依存関係を柔軟に管理できる点もポッドのメリットの1つです。

ポッドのデザインパターン

Kubernetesにおけるもっとも一般的なポッドの使い方は**one-container-per-Pod（1つのポッドごとに1つのコンテナ）**ですが、複数のコンテナを1つのポッドに含めることが効果的な場合もあります。たとえば、補助的な役割（ログ収集やキャッシュ、プロキシ／アダプタなどのヘルパープログラム）を担うコンテナを同じポッドに追加すると、メインとなるコンテナの機能を拡張することができます。このように補助的な役割を担うコンテナは**サイドカーコンテナ**と呼ばれ、よく使用されるデザインパターン（設計パターンのこと）です。

■サイドカーコンテナ

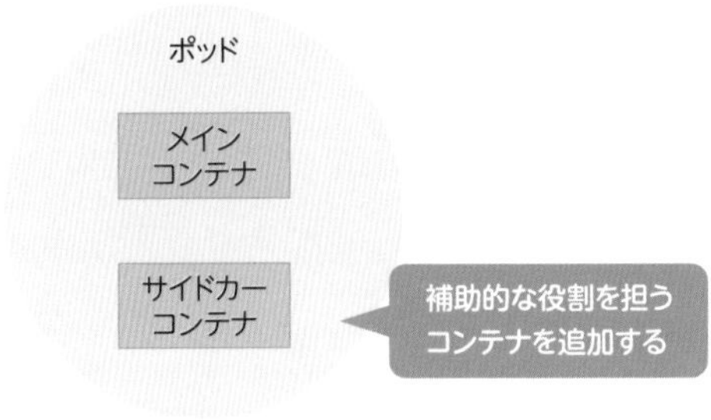

サイドカーコンテナの使い所

共通の機能を1つにまとめて再利用する方法は、サイドカーコンテナだけではありません。パッケージとしてプロセスに組み込むこともできますし、別々のポッドに含めてポッド間で通信することもできます。それでは、どのような場面でサイドカーコンテナを使うのが望ましいのでしょうか？　答えはケースバイケースであり「こういう状況では必ずサイドカーコンテナを使いましょう」といった明確な基準はありません。ただし、機能の設定をポッドごとに行う場合や、コンテナ化してDockerやKubernetesから扱いやすくしたい場合は、サイドカーコンテナが適しているといえるでしょう。

たとえば、ポッドの通信を制御する機能を備えたプロキシである**Envoy**は、サイドカーコンテナに適しています。なお、Envoyをサイドカーコンテナとして各ポッドへ注入することは手動でも可能ですが、Envoyを集中管理する機能を備えた**Istio**というソフトウェアを使うと自動化できます。

■ EnvoyとIstio

Envoy（https://www.envoyproxy.io/）

Istio（https://istio.io/）

まとめ

- ポッドはKubernetesがコンテナを管理するための最小単位
- 同じポッド内で起動する必要がないコンテナ同士はなるべく別々のポッドに含めるとよい
- ポッドによってコンテナの管理をKubernetesへ任せることができる
- よく使用されるデザインパターンの1つにサイドカーコンテナがある

40 デプロイメントコントローラ ～オーケストレーションを支える最重要要素

ポッド（コンテナ）は、デプロイメントコントローラというしくみを使って管理されています。本節では、デプロイメントコントローラを理解するのに必要な、レプリカセットやデプロイメントから解説していきましょう。

レプリカセットとは

レプリカセット（ReplicaSet）とは、**Kubernetesがポッドを管理するための単位**であり、**対象とするポッドの複製（レプリカ）を指定した数だけ維持する機能**です。ポッドは1つ以上のコンテナのグループですが、レプリカセットは1つ以上のポッドのグループです。ポッドとレプリカセットの違いは、ポッドが異なる種類のコンテナを含むことができるのに対し、レプリカセットは同じ種類のポッドしか含むことができない点です。

レプリカセットを使うと、ポッドの数を指定した数で一定に保てるので、コンテナの死活監視や、停止したコンテナの再起動を行うことができます。また、ポッドの数を増減させてスケーリングを行うことも可能です。古いレプリカセットのポッド数を段階的に減らすと同時に、新しいレプリカセットのポッド数を段階的に増やすことで、ローリングアップデート（システムを完全に停止させずに、段階的にシステムのアップデートをすること）をしたり、コンテナの管理・運用におけるさまざまな課題を解決したりできます。

■ レプリカセットはポッドのグループ

デプロイメントとは

レプリカセットをさらにグループにして管理する単位に**デプロイメント(Deployment)**があります。デプロイメントは、**レプリカセットが維持するポッド数の増減やレプリカセットの作成**を行います。レプリカセットは1つ以上のポッドのグループでしたが、デプロイメントは1つ以上のレプリカセットのグループです。これまでの説明をまとめると、Kubernetesではデプロイメントがレプリカセットを含み、レプリカセットがポッドを含み、ポッドがコンテナを含むという関係になっていることがわかります。

デプロイメントがなぜ必要かというと、デプロイメントは、**自身に含まれるレプリカセットやポッドを自動で更新するためのしくみ**を備えているためです。レプリカセットはポッド数の増減によるスケーリングやローリングアップデートが可能ですが、デプロイメントを使うと、Kubernetesが自動的にポッド数の調整や新しいレプリカセットの作成を行います。デプロイメントはまったく無関係のレプリカセットを含むこともできますが、同じレプリカセットで異なるバージョンのものを含むように使うのが通常です。

■ デプロイメントはレプリカセットのグループ

コントローラとは

一般的に、コントローラ（controller）とは、現在の状態を期待する状態にするためのメカニズムのことです。たとえば、エアコンのコントローラは現在の室内温度を測定し、測定した室内温度とエアコンの設定温度の差異がゼロになるように、部屋を冷やすか温めるかします。Kubernetesにおけるコントローラとは、レプリカセットやデプロイメントなどの状態を監視し、現在の状態と期待する状態に差異がある場合にポッド数の増減やレプリカセットの作成を行い、差異がなくなるように試みるしくみのことです。

■ コントローラ

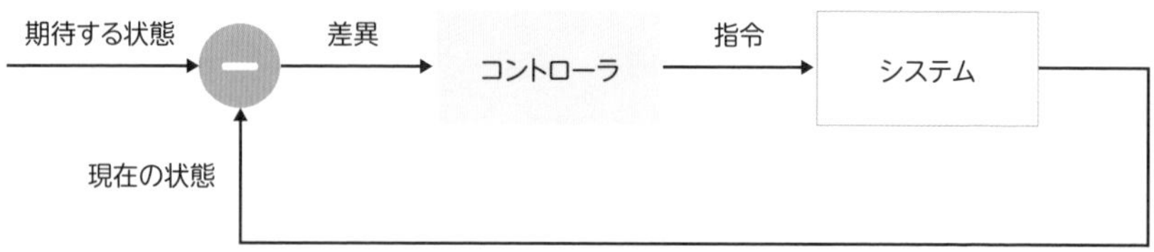

デプロイメントコントローラとは

デプロイメントコントローラとは、**デプロイメントをあるべき状態に保つためのコントローラ**です。デプロイメントコントローラはデプロイメントの状態を監視します。そして、現在の状態と期待する状態に差異がある場合に、差異の性質によって取るべきアクションを決定し、決定したアクションを実行します。

たとえば、ポッドに含まれるコンテナ自体には変更がなく、レプリカセットに含まれるポッド数のみに変更がある場合、デプロイメントコントローラは、レプリカセットのポッド数を更新するだけでよいと判断します。一方、ポッドに含まれるコンテナに変更がある場合、デプロイメントコントローラは新しいレプリカセットを作成するとともに、古いレプリカセットのポッド数をゼロにする必要があると判断します。

デプロイメントコントローラはポッドやレプリカセットと同様にもっとも基本的なしくみの1つであり、Kubernetesにおけるオーケストレーションを支えています。

■ デプロイメントコントローラ

ポッドの数のみに変更がある場合

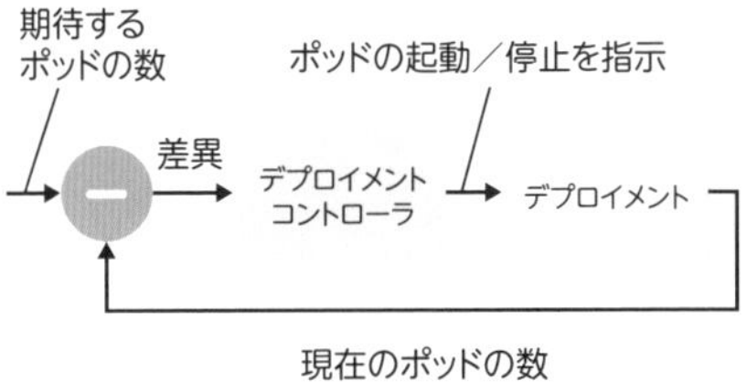

ポッドに含まれるコンテナに変更がある場合

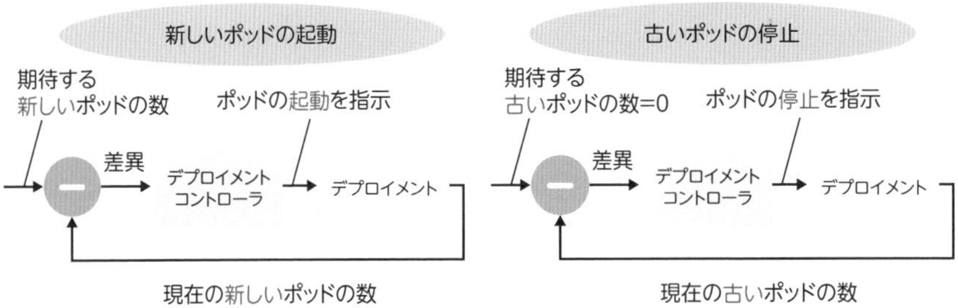

まとめ

- **レプリカセットは同じ種類のポッドのみを含むグループ**
- **デプロイメントは同じレプリカセットで異なるバージョンのものを含むグループ**
- **デプロイメントコントローラはデプロイメントをあるべき状態に保つためのしくみ**

41 サービス ～コンテナへアクセスするための窓口

前節までは、Kubernetesのコンテナを管理する単位や方法について解説しました。ここからは、外部からコンテナへどのようにアクセスするのか、そのしくみについて紹介しましょう。

サービスとは

Kubernetesにおける**サービス（Service）**とは、コンテナへアクセスするための窓口となる**エンドポイント**を提供するしくみのことです。外部からコンテナへアクセスするには、直接コンテナへアクセスするのではなく、エンドポイントを経由して間接的にコンテナへアクセスします。

Dockerの場合は、コンテナを起動する際にマシンのポートとコンテナのポートをバインド（割り当て）し、バインドしたマシンのポートへアクセスすることで、コンテナへアクセスできます。

一方、Kubernetesの場合は、レプリカセットやデプロイメントのしくみによって、コンテナ（正確にはポッド）の起動と停止が繰り返されます。また、アクセスしたいコンテナが同一のマシン上で起動しているとは限りません。このような状況でも、ターゲットとするコンテナへ確実にアクセスできるようにするしくみが、「サービス」です。

■エンドポイント

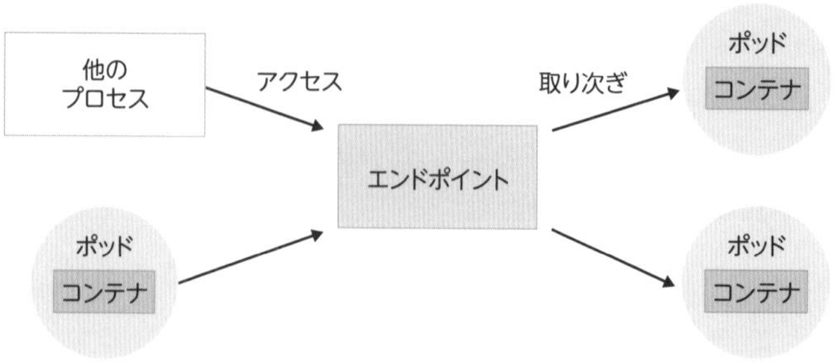

サービスのしくみ

サービスはどのようにして、エンドポイントへのアクセスをコンテナへ取り次ぐのでしょうか？　Kubernetesでは、仮想IPアドレスとネットワークアドレス変換（IPアドレスをほかのIPアドレスに変換する技術）を組み合わせて、サービスのしくみを実現しています。仮想IPアドレスとは物理マシンや仮想マシンに割り当てられないIPアドレスであり、この仮想IPアドレスがエンドポイントとなります。仮想IPアドレス（エンドポイント）へアクセスすると、ネットワークアドレス変換よってターゲットとなるコンテナへ転送されます。

次の図に示した例では、エンドポイントの仮想IPアドレスである10.240.0.100へアクセスする（①）と、サービスのしくみによってネットワークアドレス変換が行われ（②）、ポッドAの仮想IPアドレスである10.240.0.101へ取り次ぎ（③）がされます。なお、この例ではエンドポイントへのアクセスがポッドAへ取り次がれましたが、ネットワークアドレス変換の結果次第では、ポッドBやポッドCへ取り次がれることもあります。

■ サービスがアクセスをコンテナに取り次ぐ

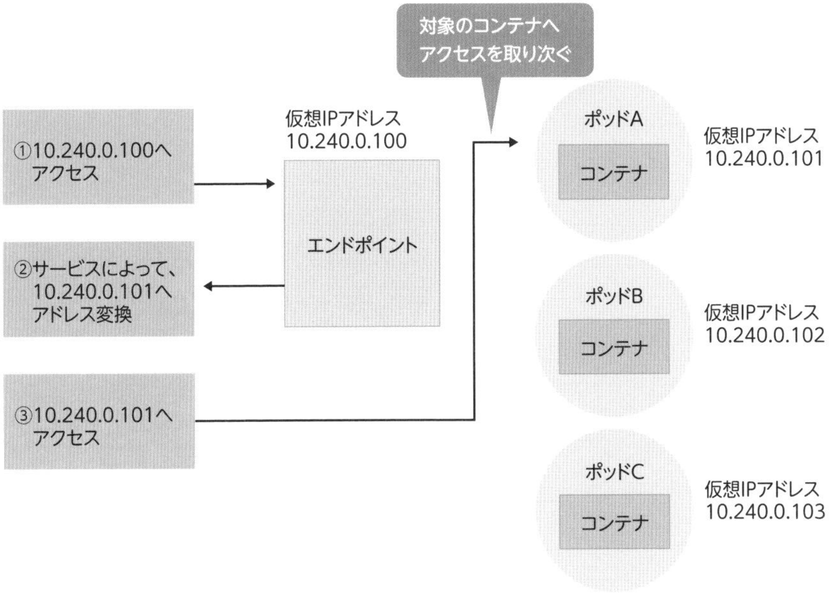

サービスのタイプ

エンドポイントを提供する方法の違いによって、サービスは4種類に分類されます。それぞれの名称と特徴を紹介します。

■ サービスのタイプと特徴

サービスのタイプ	特徴
ClusterIP	クラスタ内部からのみアクセス可能な仮想IPアドレスが発行される
NodePort	クラスタ内の全ノードの指定ポートへのアクセスがコンテナへ転送される。クラスタ外部からもアクセス可能
LoadBalancer	クラウドサービスのロードバランサーへのアクセスがコンテナへ転送される。クラスタ外部からもアクセス可能
ExternalName	サービスへのアクセスが指定のホストへ転送される

サービスによる負荷分散

これまでに述べたように、サービスの役割の1つはコンテナへアクセスするためのエンドポイントを提供することですが、もう1つの役割として負荷分散があります。エンドポイントへのアクセスが、複数のマシン上で起動している、同じ種類のコンテナへ振り分けられるので、マシン1台あたりの負荷を軽減できます。

Kubernetesのサービスは Discovery & LBと呼ばれるリソースタイプに分類されており、コンテナの管理・運用における名前解決（discovery）と負荷分散（load balancing）の2つの課題を解決するために用いられます。なお、ExternalName以外のサービスではKubernetesによって負荷分散が自動的に実施されるのに対し、ExternalNameでは転送先のホストで負荷分散が実施されるように、ユーザー自身で設定を行う必要があります。

各種サービスの使い分け

クラスタの内部からアクセスできれば十分な場合はClusterIP、クラスタの外部からアクセスする必要がある場合はLoadBalancerが、それぞれ有力候補となります。クラスタの内部からアクセスするためにNodePortを使うこともできますが、クラスタ内の全ノードの指定ポートを専有する必要があるので、ポートを節約するためにもClusterIPの使用が望まれます。

また、クラスタの外部からアクセスするためにNodePortを使うこともできますが、多くの場合はサービスへのアクセスを1つのエンドポイントに集約することが求められるため、クラウドサービスの負荷分散装置などが必要となります。中立的な立ち位置のNodePortですが、クラスタの内部からのアクセスがメインである一方でクラスタの外部から動作確認などのために時々アクセスする場合や、クラウドサービスの負荷分散装置では要件を満たせないため自前で負荷分散のしくみを整える場合など、例外的な状況では強みを発揮します。

NodePortと同様、ExternalNameもユニークな立ち位置のサービスであり、クラスタの内部からアクセスできる点はClusterIPと同じですが、アクセスを取り次ぐ先としてクラスタ外部のホストなどを指定できる点が異なっています。

まとめ

- サービスはコンテナへアクセスするためのエンドポイントを提供する
- サービスによってコンテナが起動と停止が繰り返される状況でもコンテナへのアクセスが可能

42 flannel ～コンテナ間の相互アクセスを支える技術

「サービス」は、コンテナ間の相互アクセスの上に成り立っています。この「サービス」は、flanneldと呼ばれる基盤技術によって支えられています。「サービス」を支える技術やしくみについて、詳細を見ていきましょう。

ポッド内の通信

Kubernetesでは、同じポッドに含まれるコンテナは他のコンテナとネットワークの名前空間（P.098参照）を共有しているため、**localhostへアクセスすると他のコンテナと通信できます**。たとえば、あるコンテナに含まれるWebサーバーがTCP/3000で待ち受けていて、別のコンテナに含まれるWebクライアントがlocalhost:3000へHTTPリクエストを送信する場合、WebサーバーはそのHTTPリクエストを受信することができ、WebクライアントもWebサーバーから返送されるHTTPレスポンスを受信することが可能です。

■ポッド内のコンテナはlocalhostで通信できる

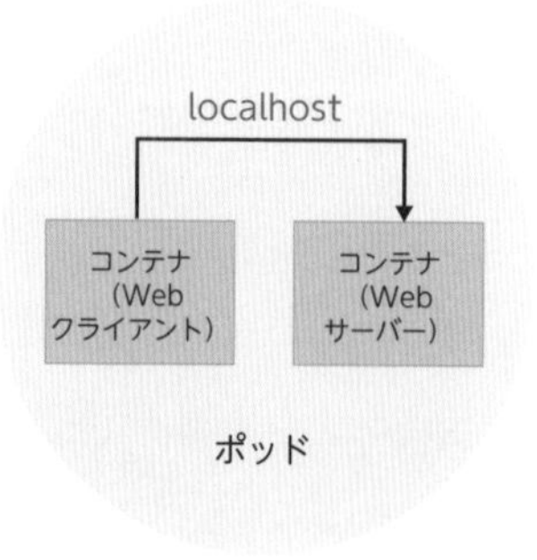

なお、同じポッド内ではネットワークの名前空間が共有されるため、あるコンテナが待ち受けているポートを他のコンテナが待ち受けることはできません。したがって、1つのポッド内に複数のコンテナを含める場合、ポートの競合が発生しないように調整する必要があります。

ポッド間の通信

ポッドには、ユニークなIPアドレスが割り当てられています。このしくみがあるので、ポッドに割り当てられたIPアドレスへアクセスすると、外部からでもポッドに含まれるコンテナへアクセスできます。

仮に、ポッドごとにユニークなIPアドレスが割り当てされない場合、マシンのポートをポッドのポートへ割り当てたうえで、マシンのポート経由でポッドへアクセスする方法も可能です。しかしこの方法では、ポッドへアクセスする際、IPアドレスに加えてポートを指定する必要があるため、IPアドレスのみを指定する場合と比べて複雑になります。また、マシンのポート数には限りがあり、マシンの同じポートを異なるポッドのポートへ割り当てることができないため、1つのマシン上で起動できるポッド数に制限ができてしまいます。ポッドごとにユニークなIPアドレスが割り当てられることで、これらの問題にわずらわされることなく、ポッド間での通信が可能になっています。

■ポッド間の通信

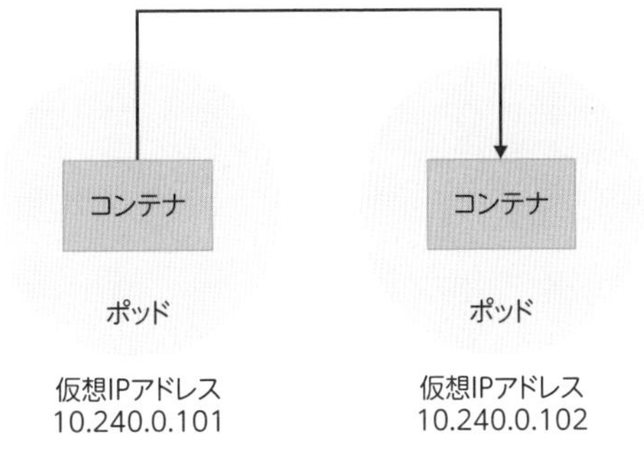

flannelとは

Kubernetesではポッド間の通信について「あるノード上のポッドは、すべてのノード上にあるすべてのポッドと、ネットワークアドレス変換を使わずに通信できる」という要件を定めているだけで、この要件をどのように実現するかは実装に委ねられています。Kubernetesのネットワーク実装は多数存在しており、**flannel**（https://github.com/coreos/flannel）はその1つです。flannelは、

Kubernetesのクラスタを構成する複数のマシン同士をつなぐオーバーレイネットワークを構築します。flannelが構築するこのIPv4ネットワークによって、あるマシン上のポッドから別のマシン上のポッドへアクセスすることができるようになっています。

flanneldとは

flanneldとは、**flannelがIPv4ネットワークを構築するために、Kubernetesクラスタを構成するすべてのマシン上で起動するエージェントプログラム**です。flanneldはポッド同士が通信する際に、宛先となるポッドが起動しているマシンをIPアドレスから特定し、そのマシンへパケットを転送する役割を担っています。また、IPv4ネットワーク上でIPアドレスが競合しないように、ノードごとにユニークなサブネットを割り当てる機能を備えています。flanneldはネットワークの構成や割り当てたサブネットなどの情報を記録するために、Kubernetesのデータストアであるetcd（P.169参照）にデータを格納します。

■ flanneld

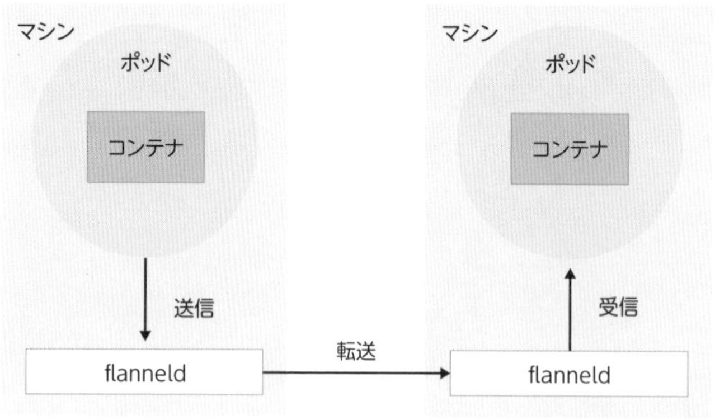

flannelとサービスの違い

flannelが「クラスタ内の異なるマシンにあるポッド間の通信を可能にするし

くみ」であるのに対し、前節で解説したサービスは「ポッドへアクセスするためのエンドポイントを提供するしくみ」であり、いずれも似たような機能を備えています。ただし、flannelのほうが基盤技術としての役割が強いです。サービスがエンドポイントへのアクセスを他のマシン上のポッドへ取り次ぐ際、flannelによって構築されたIPv4ネットワークが利用されます。

仮にflannelによって構築されたIPv4ネットワークがない場合、サービスはエンドポイントへのアクセスを同じマシン上のポッドにしか取り次げずに機能不全に陥ります。サービスと比べてflannelは目立たない存在ですが、サービスのしくみを陰から支えています。

■ flannelとサービスの違い

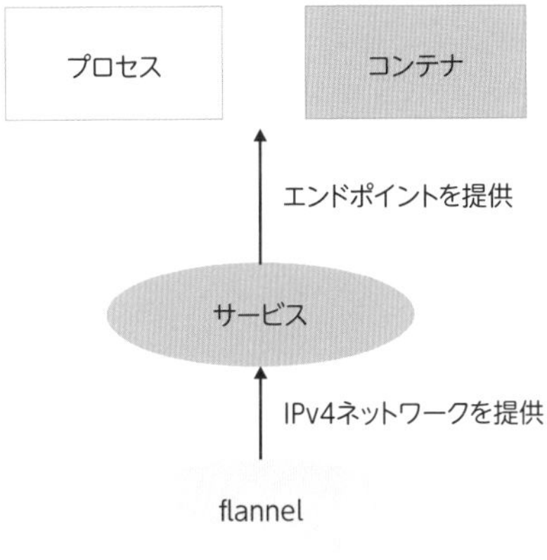

まとめ

- 同じポッドに含まれるコンテナ同士はlocalhostへアクセスすると通信できる
- ポッドにはユニークなIPアドレスが割り当てられている
- flannelはマシン間のポッド同士が通信するためのしくみ

43 負荷分散と死活監視 ～システムの可用性を向上させるしくみ

システムが正常に稼働している時間をできるだけ長くするためには、負荷分散と死活監視が非常に重要です。本節では、Kubernetesがどのようにして負荷分散や死活監視を行っているのかを明らかにします。

負荷分散と死活監視とは

負荷分散とは、複数のコンテナへリクエストを振り分けて、負荷を分散することです。一方、死活監視とは、システムを構成するコンテナが正常に稼働しているかどうかを監視することです。負荷分散と死活監視を組み合わせ、正常に稼働していないコンテナへリクエストを振り分けないようにすれば、システムが正常に稼働する時間をより長くできます。負荷分散と死活監視に関連するキーワードとして「可用性」があり、次に詳しく解説します。

■負荷分散と死活監視

可用性とは

可用性とは、「ユーザーがシステムやサービスを利用したいときに利用できる」性質です。可用性を評価する指標の1つに稼働率があり、システムが正常に稼働していた時間をシステムの稼働していた時間で割ることで計算できます。可用性を高める手段の1つとして単一障害点の排除があります。単一障害点とは、システムの構成要素であり、それが故障するとシステム全体が停止するものを意味します。

なお、単一障害点を排除するための1つの方法として冗長化があります。冗長化とは平たくいうと予備を用意しておくことであり、故障を発見したときに用意していた予備と交換することで、システム全体の停止を防ぎます。負荷分散と死活監視は、それぞれ故障の発見と予備への交換を自動化し、システムの可用性向上に寄与します。

■稼働率の計算式

$$\text{稼働率} = \frac{\text{システムが正常に稼働していた時間}}{\text{システムが稼働していた時間}}$$

Kubernetesにおける負荷分散

Kubernetesではサービス（P.136参照）というしくみで負荷分散を行います。Kubernetesクラスタ内でサービスを作成するとエンドポイントとなるIPアドレスが発行され、このIPアドレスを宛先とするパケットは、サービスの背後にあるポッドへ転送されます。サービスの背後に複数のポッドがある場合は、おおむね順番に1つ1つのポッドへパケットが転送されます。このような転送の方式は**ラウンドロビン**と呼ばれます。

Kubernetesではパケットを転送するために**iptables**のネットワークアドレス変換機能を使用しています。また、パケットをどのように転送するかを定めるルールは、**kube-proxy**と呼ばれるエージェントプログラムによって、必要に応じて書き換えられます。iptablesの代わりに**IPVS**を使うことも可能であり、サービスの数が1万件を超えるような大規模なクラスタでは、IPVSの使用が推奨されます。

なお、iptablesはLinuxのネットワーク管理ツールであり、iptablesを使うとnetfilter（パケットフィルタリングやネットワークアドレス変換を行うLinuxの機能）の設定を書き換えることができます。一方、IPVSはLinuxカーネルに組み込まれた負荷分散機能であり、iptablesと同様にnetfilterを利用します。iptablesとIPVSを比べた場合、IPVSでは設定をハッシュテーブルに保存することやカーネルモードで動作することなどによって効率化が図られており、iptablesよりも高速に動作します。

■ パケットの転送にはiptablesが使用されている

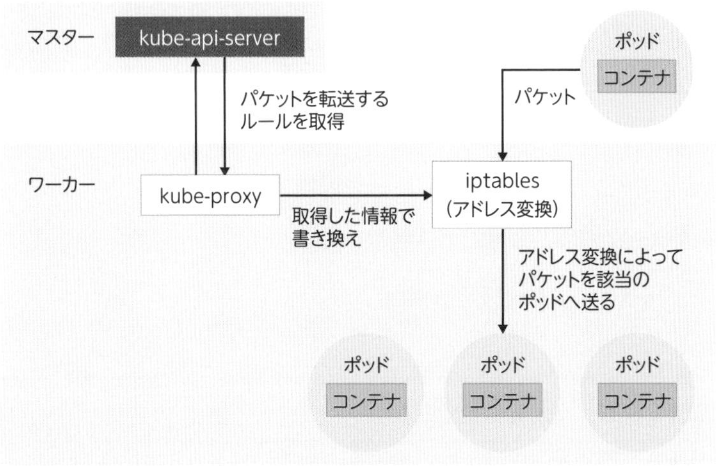

Kubernetesにおける死活監視

Kubernetesクラスタを構成するマシンでは**kubelet**と呼ばれるエージェントプログラムが実行されています。kubeletは、同じマシンで起動しているポッドの状態を定期的にチェックします。kubeletはポッドに含まれるコンテナ内で指定のコマンドを実行し、コマンドが成功する（終了コードが0）かどうかによって正常・異常を判断します。

また、コマンドを実行する代わりにTCPまたはHTTPによる通信を試み、通信が成功する（TCPの場合は接続可能なら成功、HTTPの場合はステータスコードが200台または300台なら成功）か否かによって、正常・異常を判断することもできます。正常・異常の判断の結果をベースにポッドを再起動したり、サービスからのリクエストの転送を停止したりして、クラスタを正常な状態に保ちます。

■Kubernetesにおける死活監視

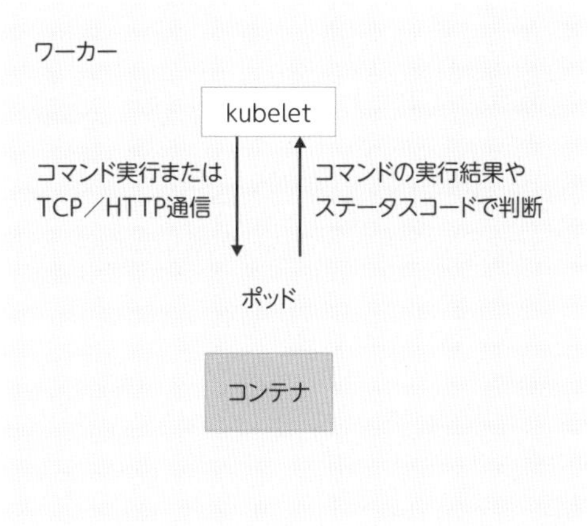

まとめ

- 負荷分散と死活監視を組み合わせるとシステムの可用性を高めることができる
- kube-proxyがiptablesのルールを書き換えて負荷分散を実現している
- kubeletがポッドの状態を定期的にチェックして死活監視を実現している

44 スケーリング ～システムの性能を向上させるしくみ

システムやサービスのリクエスト数は、時期や時間帯によってばらつきがあります。Kubernetesでは、リクエストの規模に応じてコンテナを増減させることによって、スケーリングを行います。

スケーリングとは

　スケーリングとは、コンテナ技術においては**リクエストの規模に応じてコンテナを増減させること**です。多くのシステムではリクエストの頻度にばらつきがあり、何らかの原因で急にリクエストが集中する状況もあります。システムの処理能力を上回るリクエストが来た場合、システムがダウンするなど望ましくない事態を招く可能性があります。

　このような状況に対処するため、リクエストが集中したときにスケーリングによって起動するコンテナの数を増やし、システムの処理能力をリクエストの規模に追随させると、システムを正常に保つことができます。逆に、夜間などリクエストの件数が少ない時間帯には、起動するコンテナの数を減らすと、コンテナの運用に必要なリソースの消費量を抑えてコストを削減することも可能です。

■ スケーリング

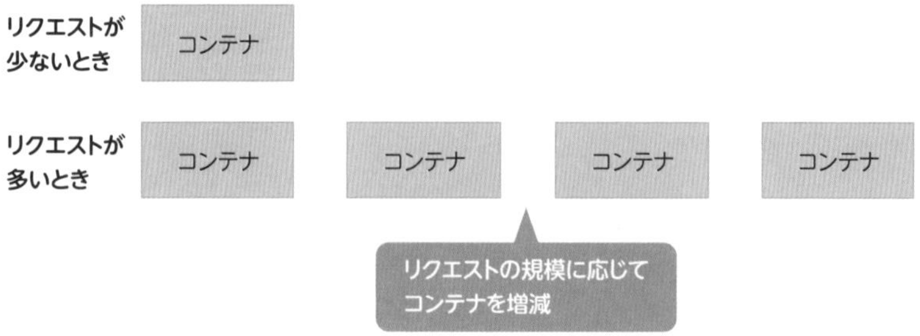

スケーリングを行う方法

スケーリングを行うための手段として、リクエスト件数などのデータを定期的に取得し、取得したデータが一定のしきい値を上回る／下回る場合に、リソースの増減を実行する方法があります。なお、スケーリングを実行するかどうかを判断するために用いられるデータを**メトリクス**と呼びます。また、現在のデータだけではなく過去数回分のデータを参照し、連続して一定のしきい値を上回る／下回る場合にリソースの増減を行う場合もあります。

リソースを増減する方法は**水平スケーリング**と**垂直スケーリング**の2つに分けられ、水平スケーリングではリソースの数を増減させ、垂直スケーリングではリソースの性能を上下させます。一般的に、垂直スケーリングよりも水平スケーリングのほうが、リソースと処理能力の関係が線形（比例）に近い性質を持っています。

■水平スケーリングと垂直スケーリング

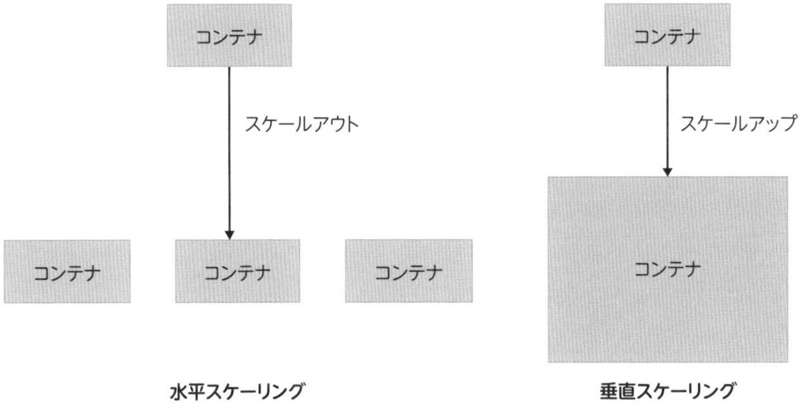

Kubernetesにおけるポッドの水平スケーリング

Kubernetesでは**Horizontal Pod Autoscaler**を使うと、ポッドの水平スケーリングを行うことができます。Horizontal Pod Autoscalerのコントローラは定期的（デフォルトでは15秒おき）にポッドのメトリクスを取得し、取得したメトリクスに基づいて必要なポッド数を算出し、レプリカセットやデプロイメントのポッド数を更新します。メトリクスとしてはCPU使用率が用いられますが、必要に応じて他の指標をカスタムメトリクスとして用いることもできます。必要なポッド数を算出する手順を図に示します。

■ 必要なポッド数を算出する手順

$$①\text{必要なポッド数} = \text{現在のポッド数} \times \frac{\text{現在のCPU使用率}}{\text{期待するCPU使用率}}$$

②必要なポッド数の小数点以下を切り上げ

Kubernetesにおけるポッドの垂直スケーリング

　ポッドの水平スケーリングと同様、**Vertical Pod Autoscaler**を使うと、ポッドの垂直スケーリングを行うことができます。ポッドに割り当てるリソース（CPUやメモリなど）の数量はrequestとlimitの2つのパラメーターによって決まり、前者のrequestは下限、後者のlimitは上限をそれぞれ指定します。Vertical Pod Autoscalerはリソースの消費量に基づいてrequestとlimitを自動で調整し、ポッドの垂直スケーリングを実現します。なお、ポッドの水平スケーリングがKubernetesに標準搭載されているのに対し、ポッドの垂直スケーリングはベータ版です（2020年10月現在）。利用するには、GitHubからインストールする必要があります。

■ requestとlimitを調整して垂直スケーリング

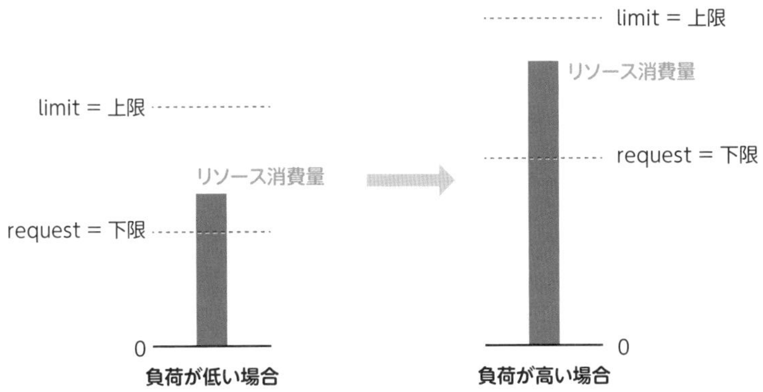

クラスタ自体の水平スケーリング

Kubernetesクラスタが AWS や Azure などのパブリッククラウド上で構築されている場合、**Cluster Autoscaler**を使うとクラスタ自体の水平スケーリングを行うことができます。Cluster Autoscalerは、クラスタを構成するマシンの数を増減させて、水平スケーリングを行います。Cluster Autoscalerがマシンの数を増やすタイミングは、Horizontal Pod Autoscalerとは異なります。Cluster Autoscalerは、リソース不足でポッドの起動に失敗した場合に、マシンの数を増やします。

一方、あるマシンのリソースの使用率が低い状態が一定時間（デフォルトでは10分）にわたって継続した場合、そのマシンを破棄することで、マシンの数を調整します。なお、Cluster Autoscalerはリソースの使用率を、「要求されたCPUとメモリの使用量÷利用可能なCPUとメモリの使用量」で算出し、一定のしきい値（デフォルトでは50%）を下回った場合に、「リソースの使用率が低い」と判断します。

■ クラスタ自体のスケーリング

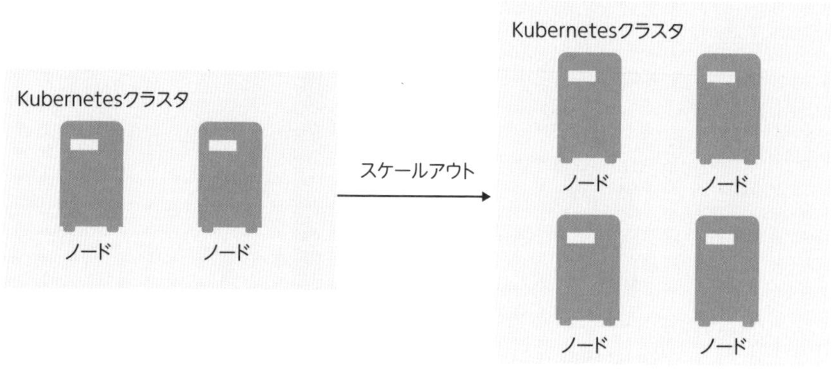

まとめ

- スケーリングとはリクエストの規模に応じてコンテナを増減させること
- メトリクスはスケーリングを実行するかどうかを判断するために用いられるデータ
- Horizontal Pod Autoscalerがポッドの水平スケーリングを行う
- Cluster Autoscalerがクラスタの水平スケーリングを行う

45 主要なKubernetesコマンド ～必須コマンドのポイントを紹介

Kubernetesでは、kubectlコマンドによってクラスタを操作します。本節では、Kubernetesコマンドの理解のために必要となるマニフェストやラベル、ラベルセレクターから解説しましょう。

クラスタの操作は「宣言的に記述」する

Kubernetesでは**マニフェスト**と呼ばれるテキストファイルを使用して、クラスタを操作します。マニフェストはYAML形式やJSON形式で宣言的に記述します。「宣言的に記述」とは**期待する状態を記述すること**です。たとえばポッドを作成したい場合は、ポッド名は「my-pod」とし、実行するコンテナのイメージは「nginx:stable」にする、などを記述します。反対に「手続き的に記述」とは、「期待する状態にするために、行う操作手順を記述すること」です。Kubernetesでは、現在のクラスタの状態とマニフェストに基づいてクラスタの操作手順が自動で計画されるため、手続き的な記述は不要です。

マニフェストでオブジェクトを選択する方法

マニフェストを記述するときに**ラベル**や**ラベルセレクター**を指定すると、対象となるオブジェクト（ポッドやデプロイメントなど）が複数ある場合でも、一括で選択できます。ここでいうラベルとは、**オブジェクトに割り当てられたキーとバリューのペア**のことです。1つのオブジェクトに対して、ラベルは複数割り当てできます。一方、ラベルセレクターとは、**オブジェクトを選択するために指定されるラベルに関する条件**です。ラベルとラベルセレクターは、Kubernetesでクラスタを操作するときに使用する、kubectlコマンドにおいても使用することができます。

■ラベルとラベルセレクター

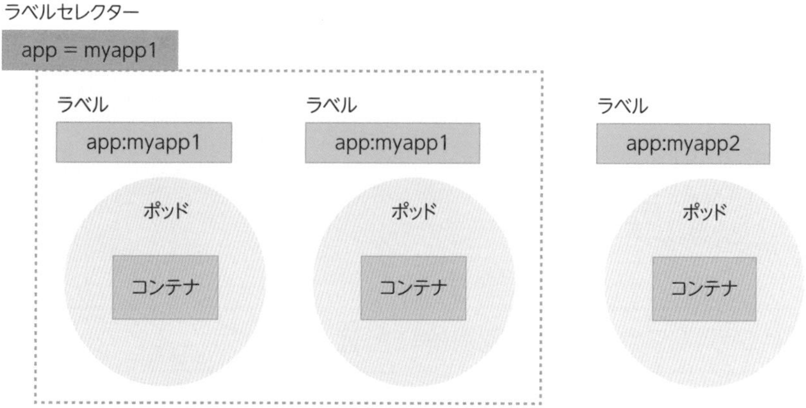

Kubernetesコマンドを利用できる環境

CentOSやUbuntuなどのLinux OSを利用している場合、yumやaptなどのパッケージ管理システムを使ってKubernetesをインストールできます。WindowsやMacなどでDocker Desktopを使用している場合、2018年7月以降にリリースされた安定版であればKubernetesが同梱されているため、設定画面から有効化するとKubernetesコマンドを利用することができます。Dockerコマンドと同様、Kubernetesコマンドはコマンドライン操作なので、LinuxやMacであればターミナルを使い、WindowsであればコマンドプロンプトやPowerShellを使います。一例として、Macのターミナルで「kubectl cluster-info」コマンドを実行した様子を示します。

■ターミナルで「kubectl cluster-info」コマンドを実行する様子

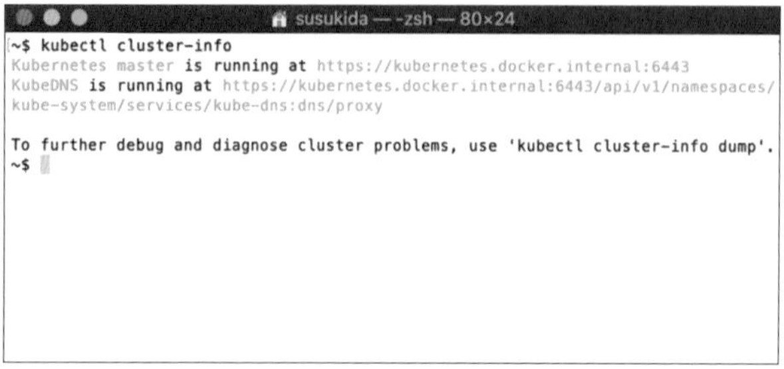

ポッドの作成／確認／コマンド実行／更新／削除

ここからは、kubectlコマンドの使い方を紹介しましょう。

ポッドを作成するには、「kubectl apply」コマンドを実行します。ここでは、マニフェストに「pod.yaml」を使用し、「my-pod」という名称のポッドを作成しています。作成されるポッドにはキーが「app」、バリューが「my-app」であるラベルが割り当てられるのに加え、「nginx:stable」をイメージとするコンテナが実行されます。


```
~$ kubectl apply -f pod.yaml
```

■ pod.yaml

```
apiVersion: v1
kind: Pod
metadata:
  name: my-pod
  labels:
    app: my-app
spec:
  containers:
    - name: my-container
      image: nginx:stable
```

「kubectl apply」コマンドは、「-f」に指定するマニフェストの内容によって、何を作成／更新するのかが変わります。

作成されたポッドを確認するには、「kubectl get」コマンドを実行します。ポッドの状態が「Running（実行中）」であることを確認できます。

```
~$ kubectl get pods
NAME     READY   STATUS    RESTARTS   AGE
my-pod   1/1     Running   0          3s
```

実行中のポッドの内部でコマンドを実行するには、「kubectl exec」コマンドを実行します。

```
~$ kubectl exec -it my-pod -- echo Hello Kubernetes
```

実行中のポッドを更新するには、マニフェストに変更を加えてから、ポッドを作成するときと同じ「kubectl apply」コマンドを実行します。

```
~$ kubectl apply -f pod.yaml
```

実行中のポッドを削除するには、「kubectl delete」コマンドを実行します。

```
~$ kubectl delete -f pod.yaml
```

レプリカセットの作成／確認／更新／削除

レプリカセットを作成するには「kubectl apply」コマンドを実行します。ここでは、マニフェストに「replicaset.yaml」を使用し、「my-replicaset」という名称のレプリカセットを作成しています。このマニフェストを見ると、templateの内容はポッドを作成するときと似ていることがわかります。作成されるレプリカセットには3つのポッドが含まれ、それぞれのポッドにはキーが「app」であってバリューが「my-app」であるラベルがポッドへ割り当てられるのに加え、「nginx:stable」をイメージとするコンテナが実行されます。

```
~$ kubectl apply -f replicaset.yaml
```

■ replicaset.yaml

```
apiVersion: apps/v1
kind: ReplicaSet
metadata:
  name: my-replicaset
spec:
  replicas: 3
  selector:
    matchLabels:
      app: my-app
```

```
  template:
    metadata:
      labels:
        app: my-app
    spec:
      containers:
        - name: my-container
          image: nginx:stable
```

作成されたレプリカセットを確認するには、「kubectl get」コマンドを実行します。レプリカセットに含まれるポッド数が3つであることを確認できます。

```
~$ kubectl get replicasets
NAME            DESIRED   CURRENT   READY   AGE
my-replicaset   3         3         3       10s
```

レプリカセットの更新と削除は、ポッドの場合と同じです。

デプロイメントの作成／確認／更新／削除

デプロイメントを作成するには、「kubectl apply」コマンドを実行します。ここでは、マニフェストに「deployment.yaml」を使用し、「my-deployment」という名称のレプリカセットを作成しています。このマニフェストを見ると、レプリカセットを作成するマニフェストの内容とほぼ同一であることがわかります。作成されるデプロイメントには1つのレプリカセットが含まれます。また、このレプリカセットには3つのポッドが含まれ、それぞれのポッドにはキーが「app」であってバリューが「my-app」であるラベルがポッドへ割り当てられるのに加え、「nginx:stable」をイメージとするコンテナが実行されます。

```
~$ kubectl apply -f deployment.yaml
```

■ deployment.yaml

```
apiVersion: apps/v1
kind: Deployment
```

```
metadata:
  name: my-replicaset
spec:
  replicas: 3
  selector:
    matchLabels:
      app: my-app
  template:
    metadata:
      labels:
        app: my-app
    spec:
      containers:
        - name: my-container
          image: nginx:stable
```

作成されたデプロイメントを確認するには、「kubectl get」コマンドを実行します。表示される情報はレプリカセットとほとんど同じですが、最新のポッド数を示すUP-TO-DATE列が追加されています。

```
~$ kubectl get deployments
NAME            DESIRED   CURRENT   UP-TO-DATE   AVAILABLE   AGE
my-deployment   3         3         3            3           20s
```

デプロイメントの更新と削除は、ポッドの場合と同じです。

○サービスの作成／確認／更新／削除

サービスを作成するには、「kubectl apply」コマンドを実行します。ここでは、マニフェストに「service.yaml」を使用し、「my-service」という名称のサービスを作成しています。作成されるサービスでは、TCP/8080へのアクセスがポッドのTCP/80へ転送されるルールが含まれ、このルールは「http」と命名されます。また、アクセスの転送先には、キーが「app」であってバリューが「my-app」であるラベルが割り当てられたポッドが、選択されます。

```
~$ kubectl apply -f service.yaml
```

■ service.yaml

```
apiVersion: v1
kind: Service
metadata:
  name: my-service
spec:
  type: ClusterIP
  ports:
    - name: http
      protocol: TCP
      port: 8080
      targetPort: 80
  selector:
    app: my-app
```

作成されたサービスを確認するには、「kubectl get」コマンドを実行します。このサービスのために発行された仮想IPアドレスを確認できます。

```
~$ kubectl get services
NAME         TYPE        CLUSTER-IP   EXTERNAL-IP   PORT(S)    AGE
my-service   ClusterIP   1.2.3.4      <none>        8080/TCP   15s
```

サービスの更新と削除は、ポッドの場合と同様です。

まとめ

- **Kubernetesではマニフェストを使用してクラスタを操作する**
- **ラベルとラベルセレクターを使用するとオブジェクトを選択できる**
- **作成／更新のコマンドは「kubectl apply」で「-f」に指定するマニフェストの内容によって何を作成／更新するのかが変わる**

46 自動ビルド
～イメージ化からデプロイまでの手順を自動化

更新が頻繁に繰り返される状況では、ビルドとデプロイを自動化して手間を省くことが重要です。本節では、自動ビルドと自動デプロイについて解説するのに加え、自動ビルドや自動デプロイを行うツールを紹介します。

自動ビルドとは

自動ビルドとは、**プログラムなどを利用可能な状態にする手順を自動化すること**です。たとえば、CやJavaなどのプログラミング言語では、プログラムをバイナリコードへ変換するコンパイルという作業が必要です。また、プログラムが外部のライブラリを必要とする場合、依存関係があるライブラリをあらかじめインストールする必要があります。コンパイルやライブラリのインストールが完了したあとも、プログラムが期待したとおりに実行されるかどうかを確認するために、さまざまなテストが実施されます。プログラムをリリース可能な状態にするにはこのような手順が必要ですが、自動ビルドは、これらの手順を自動化します。なお、自動ビルドの成果物（リリース可能なプログラムなど）を**アーティファクト**と呼ぶ場合があります。

■ 自動ビルド

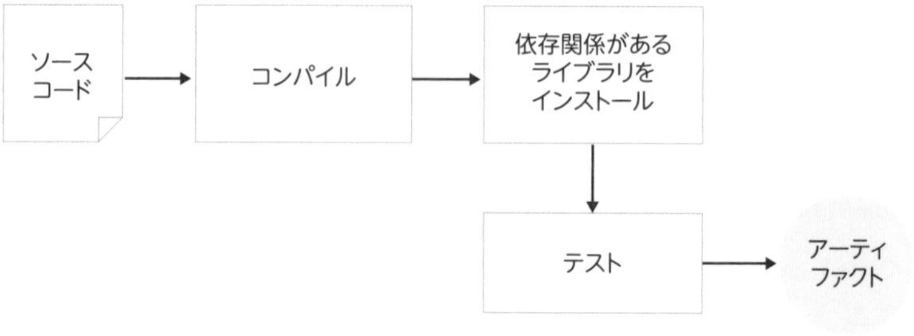

自動デプロイとは

自動デプロイとは、**プログラムなどをリリースする手順を自動化すること**です。ビルドでプログラムを利用可能な状態にしたあとは、ユーザーがアクセスできるようにプログラムをリリースします。プログラムをリリースするためには、サーバーにプログラムをアップロードする必要があります。

またリリースによっては、データベースの構造変更などの作業が必要な場合もあります。プログラムをリリースするためにはこのような手順があり、自動デプロイは、これらの手順を自動化します。

■自動デプロイ

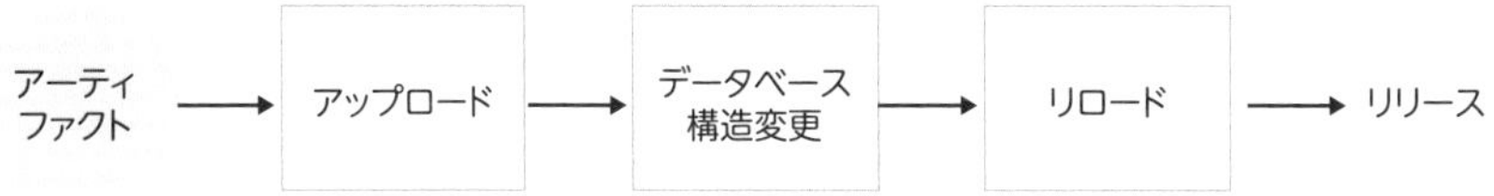

イメージ化からデプロイまでの手順

Kubernetesをベースとするアプリケーション開発では、変更をリリースするまでに「イメージ化」「レジストリへの登録」「デプロイメントの更新」の3つの手順が必要です。

①イメージ化

Dockerfileを利用するなどして、コンテナのイメージを作成します。

②レジストリへの登録

「イメージ化」で作成したイメージをレジストリへプッシュし、運用環境からイメージをプルするための準備をします。

③デプロイメントの更新

デプロイメントのマニフェストに記述されたイメージのバージョンを変更します。その後にkubectlコマンドを利用して、変更を適用します。変更を適用したら、古いコンテナを含むポッドを停止すると同時に、新しいコンテナを含むポッドを起動します。

これらの手順を自動化するには手順を開始するトリガー（手順を開始するためのきっかけとなる命令）を設定し、トリガーの対象となるイベントが発生した場合に、ビルド用のサーバーでこれらの手順が実行されるようにします。なお、トリガーにはたとえば、「Gitリポジトリへのプログラムのプッシュ」などを設定できます。

■ イメージ化からデプロイまでの手順

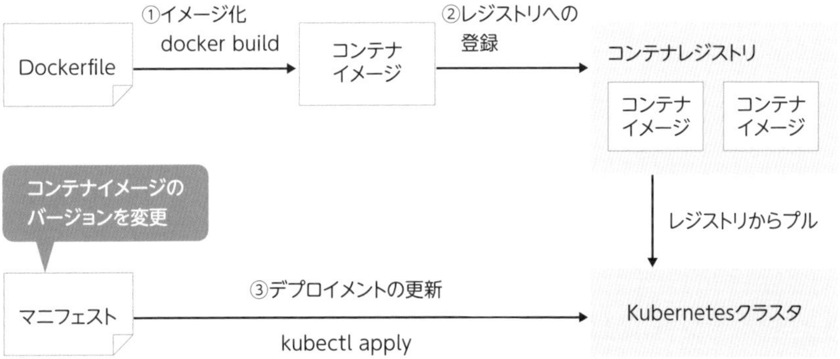

新しいポッドに置き換える方法

デプロイメントの更新では、古いポッドを新しいポッドに置き換える処理が実施されます。ポッドを置き換える方法は、デプロイメントの設定で指定できます。このポッドを置き換える方法は「更新戦略」と呼ばれ、更新戦略として「Recreate」と「Rolling Update」の２つがサポートされます。

更新戦略がRecreateの場合、新しいポッドが起動する前に古いポッドがすべて停止します。したがって、一時的にすべてのポッドがダウンしますが、古いポッドと新しいポッドが混在することはありません。

一方、更新戦略がRolling Updateの場合、古いポッドの数を減らしていくと同時に新しいポッドの数を増やしていきます。したがって、すべてのポッドがダウンすることはありませんが、一時的に古いポッドと新しいポッドが混在します。なおデフォルトでは、後者のRolling Updateが適用されます。

■ Recreate と Rolling Update

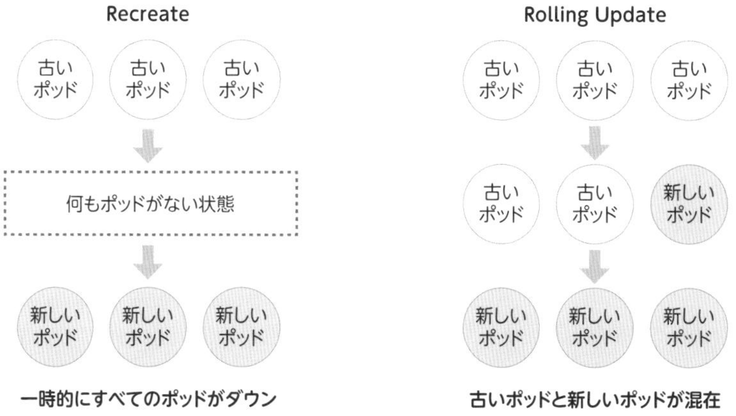

自動ビルド／デプロイをサポートするツール

Kubernetesで自動ビルドや自動デプロイを行うためには、Skaffold、Jenkins X、Spinnakerなどさまざまなツールを利用できます。SkaffoldはGoogle社によって開発されたKubernetes特化の自動ビルド／デプロイツールであり、プログラムの変更を検知して自動でイメージ化からデプロイまでの手順を実行することができます。また、Jenkins XもKubernetes特化の自動ビルド／デプロイツールです。一方、SpinnakerはNetflix社によって開発された自動デプロイツールであり、デプロイの方法をより詳細に設定することができます。

まとめ

- 自動ビルドとはプログラムなどを利用可能な状態にする手順を自動化すること
- 自動デプロイとはプログラムなどをリリースする手順を自動化すること
- Kubernetesを使った開発ではリリースまでに「イメージ化」「レジストリへの登録」「デプロイメントの更新」が必要

47 マルチクラウド ～複数クラウド併用時のKubernetes

近ごろ、1つのクラウドを使うだけではなく、複数のクラウドを組み合わせるマルチクラウドにも注目が集まっています。Kubernetesを使うと、マルチクラウドによる開発や運用の複雑化を低減することが可能です。

マルチクラウドとは

マルチクラウドとは、**複数のクラウドを組み合わせて構成された環境**のことです。なお、クラウドは一般向けに提供される**パブリッククラウド**と特定の個人や組織向けに提供される**プライベートクラウド**の大きく2つに分けられます。パブリッククラウドとしてはAWS、GCP、Azureなどが広く利用されています。

■ マルチクラウド

マルチクラウドの必要性

クラウド事業者はサーバーの管理・運用に関して卓越した知識やノウハウを持っていますが、想定外の原因でクラウドに障害が発生する場合があります。1つのクラウド上で構成されたシステムの場合、利用しているクラウドで障害が発生すると、システムが利用できなくなるなどの事態を招く恐れがあります。

一方、複数のクラウドを組み合わせて構成されたシステムの場合、あるクラウドに障害が発生してもそのクラウドを切り離せば、システムが利用できる状態を維持できます。可用性への要求がさらに高まりつつある昨今、マルチクラウドの必要性はますます強くなっています。

■ マルチクラウドによる可用性向上

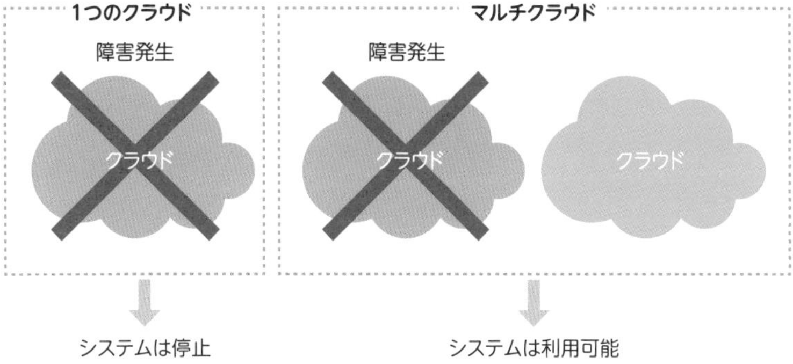

Kubernetesによるマルチクラウド

各社が提供するパブリッククラウドのサービスには共通点がたくさんありますが、相違点もあります。たとえば、AWS Lambda（P.069参照）向けに作成したプログラムを、GCPのサーバーレスサービスであるCloud Functionsへ移行するにはプログラムの変更が必要であり、デプロイするときのパラメーターなども異なります。アプリケーション設計やデプロイ手順を工夫すれば対処はできますが、開発や運用の複雑化が課題となる場合があります。Kubernetesを使うと、異なるクラウドを共通の手順で操作することが可能となり、**クラウド間の相違点を吸収して開発や運用の複雑化を低減**することができます。このようにKubernetesは、マルチクラウドの構築をよりかんたんに実現できるようにバックアップします。

■Kubernetesによる操作手順の共通化

マルチクラウドの構築をサポートするツール

マルチクラウドの構築をサポートするツールとして**Rancher**があります。Rancherは、Rancher Labsによって開発されたコンテナ管理プラットフォームです。Rancherを使うと、主要なパブリッククラウド上でKubernetesクラスタを構築することができます。その他にも認証情報の集中管理、アクセス制御やセキュリティポリシーの適用、単一画面でのクラスタ状態表示などの有用な機能を備えています。

まとめ

- マルチクラウドは複数のクラウドを組み合わせて構成された環境
- Kubernetesは異なるクラウド間の相違点を吸収して共通の手順での操作を可能にする

48 Kubernetesのアーキテクチャ ～各ノードで動作するコンポーネント

ここまでKubernetesがコンテナを管理する単位やネットワークなど、個々のしくみについて見てきました。Kubernetesではほかにもさまざまなコンポーネントがあり、それらが連携し合ってオーケストレーションを実現しています。

Kubernetesのアーキテクチャ

Kubernetesではマスターとワーカーの2種類のノードがあることはすでに述べました。ユーザーは、kubectlコマンド（P.155参照）などを使ってマスターに命令を送り、マスターはその命令に従って、ワーカーを操作します。このマスターとワーカーではさまざまなコンポーネントが動作しており、そのコンポーネントが連携し合うことで、オーケストレーションは実行されています。

■ Kubernetesのアーキテクチャ

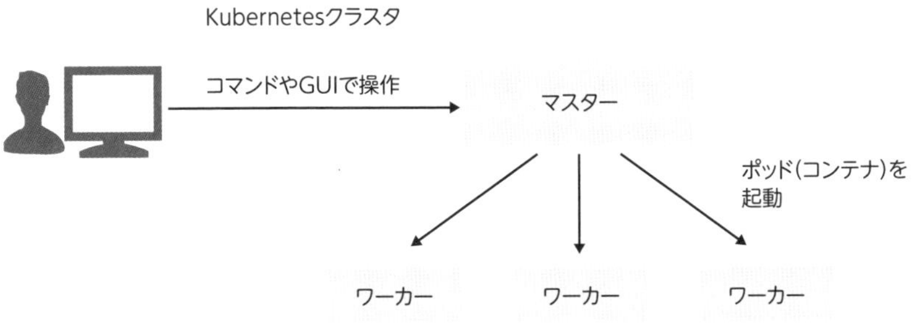

Kubernetesクラスタを操作する方法

ユーザーがKubernetesクラスタを操作する方法として**kubectlコマンド**、**Dashboard**、**Kubernetes API**の3つがあります。

kubectl コマンド

コマンドラインインターフェイスであり、キーボードからコマンドを入力して実行すると、Kubernetesクラスタを操作できます。

Dashboard（ダッシュボード）

Webベースのグラフィカルユーザーインターフェイスです。Kubernetesクラスタを操作したり、ポッドのCPU使用率などの統計データをグラフでわかりやすく表示したりすることができます。

Kubernetes API

Kubernetesが提供しているAPIであり、このAPIを用いてマスターにリクエストを送信すると、Kubernetesクラスタを操作できます。kubectlコマンドやDashboardは内部的にはKubernetes APIを使用しており、プログラムなどからアクセスする場合はKubernetes APIが適しています。

■ Dashboard

マスターのコンポーネント

マスターでは、kube-api-server、etcd、kube-scheduler、kube-controller-managerなど多くのコンポーネントが実行されます。

kube-api-server

ユーザーやワーカーがKubernetesクラスタとやりとりするためのエンドポ

イント(REST API)を提供します。

etcd

データ(Kubernetesクラスタに関する設定など)を格納する場所です。複数ノードから構成可能なキーバリューストアであり、一部のノードが故障してもデータが消失したり不整合が発生したりしないようなしくみを備えています。kube-api-serverとetcdはフロントエンドとバックエンドの関係であり、kube-api-serverはデータを持たず、etcdを通じてデータを管理します。

kube-scheduler

ポッドを起動するノードを計画するスケジューラーです。必要なリソースなどさまざまな条件を考慮して、最適なノードを判断します。

kube-controller-manager

デプロイメントコントローラなど、複数のコントローラの起動や停止を管理し、Kubernetesクラスタを期待する状態に維持します。

ワーカーのコンポーネント

ワーカーではコンテナを起動するために必要なコンテナランタイム(Dockerやcri-oなど)が実行されるとともに、**kubelet**と**kube-proxy**と呼ばれる2つのエージェントプログラムが実行されます。

kubelet

マスターからPodSpec(ポッドのあるべき状態を示したデータ)を取得し、コンテナランタイムのインターフェイスへアクセスして、コンテナの起動/停止や監視を行います。

kube-proxy

マスターからネットワーク構成を取得し、ポッドとポッドが通信するときに、アクセスの中継やアドレス変換ルールの更新を行います。

■マスターとワーカーのコンポーネント

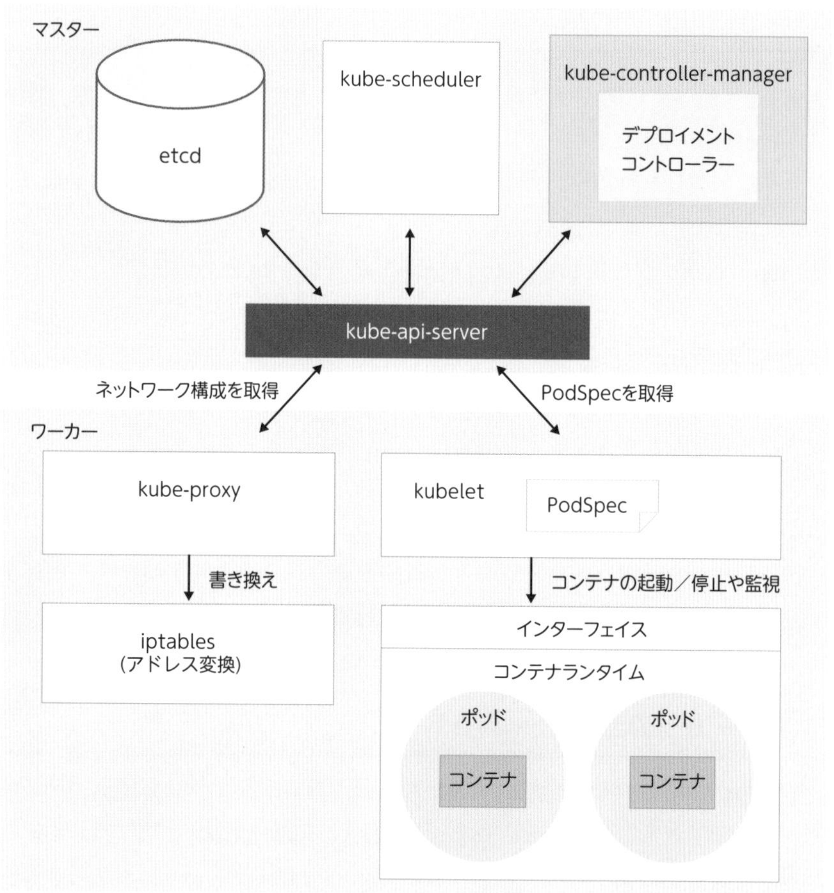

まとめ

- マスターとワーカーではさまざまなコンポーネントが動作しておりそのコンポーネントが連携し合うことでオーケストレーションは実行されている

6章

クラウドのコンテナサービス

DockerやKubernetesを実行できるサービスは主要クラウドでも提供されており、そのクラウドで提供されているほかのサービスと連携しやすいのがメリットです。本章では、代表的なクラウドのコンテナサービスを紹介します。

49 クラウドのコンテナ技術対応状況
～主要クラウドのさまざまなコンテナサービス

主要なクラウドはいずれもコンテナ関連のサービスを提供しており、Docker形式のコンテナをサポートしています。AWS、GCP、Azureの3つを対象として、各クラウドのコンテナサービスを紹介しましょう。

AWSのコンテナサービス

AWSは、IaaSおよびPaaS市場で圧倒的なシェアを持つAmazon社のクラウドサービスであり、他の2つのクラウドサービスと比べてもっとも早く、クラウドサービスの提供を開始しました。AWSには、コンテナの実行環境を提供するサービスとして、Amazon Elastic Container Service（Amazon ECS）、Amazon Elastic Kubernetes Service（Amazon EKS）、AWS Fargateがあります。その他、AWSはDockerコンテナレジストリとしてAmazon Elastic Container Registry（Amazon ECR）を提供しており、コンテナイメージをクラウド上で管理することができます。

■ AWS

GCPのコンテナサービス

GCPは、Kubernetesを開発したGoogle社が提供しているクラウドサービスであり、他の2つのクラウドサービスと比べてもっとも早く、Kubernetes関連のクラウドサービスを提供し始めました。GCPには、コンテナの実行環境を提供するサービスとしてGoogle Kubernetes Engine（GKE）やCloud Runがあります。その他、GCPはDockerコンテナレジストリとしてContainer Registryを提供しており、AWSと同様にコンテナイメージをクラウド上で管理することができます。

■ GCP

Azureのコンテナサービス

　Azureは、SaaS市場で高いシェアを持つクラウドサービスです。Microsoft社が提供しているWindows Serverを使用したオンプレミスの環境から、連携や移行がしやすいのが特徴です。Azureには、コンテナの実行環境を提供するサービスとして、Azure Kubernetes Service（AKS）やAzure Container Instances（ACI）があります。その他、AzureはDockerコンテナレジストリとしてAzure Container Registryを提供しており、AWSやGCPと同様にコンテナイメージをクラウド上で管理することができます。

■ Azure

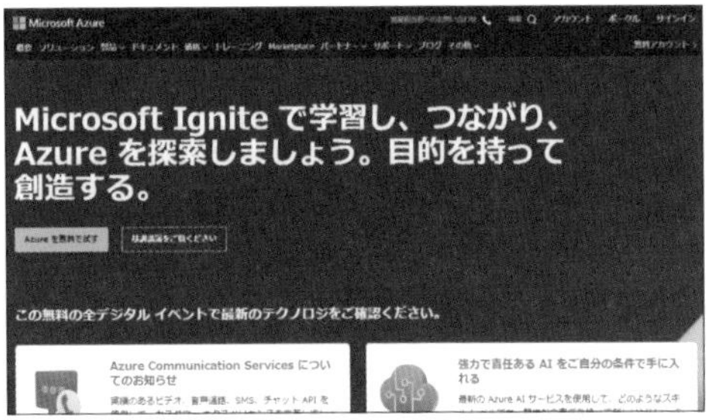

各クラウドで提供されているコンテナサービス

AWS、GCP、Azureでは、互いによく似たコンテナサービスが提供されています。そのうち、コンテナオーケストレーションサービス、サーバーレスなコンテナ実行環境、コンテナレジストリについて、以下の図にまとめます。それぞれのコンテナサービスについては次節から詳しく解説するので、まずは各サービスの位置付けを確認しておきましょう。

■各クラウドで提供されているコンテナサービス

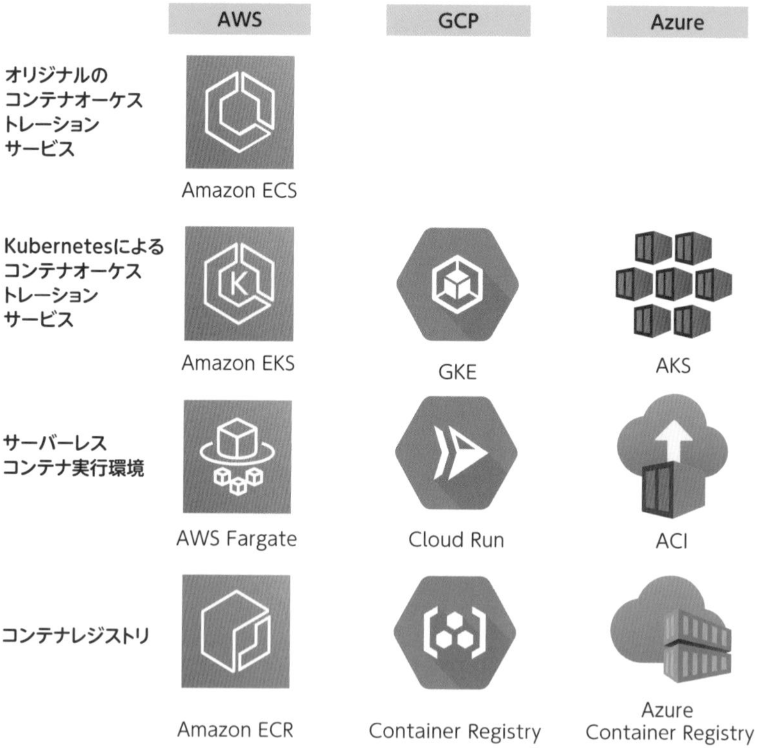

どのクラウドサービスを使うべきか

主要クラウドはいずれもコンテナサービスを提供しており、細部に違いはありますが、サービスの内容には共通点が多く見られます。クラウドサービスを選定するにあたっては、コンテナサービスの内容や価格だけではなく、情報セキュリティ管理システム認証などコンテナ以外の点にも着目し、総合的に判断することが必要です。また、コンテナ自体が異なるプラットフォーム間の移行を容易にするポータビリティーを指向した技術であるため、どれか1つではなく、複数のクラウドサービスを併用したマルチクラウドという選択肢も検討できます。

■ コンテナによるマルチクラウド

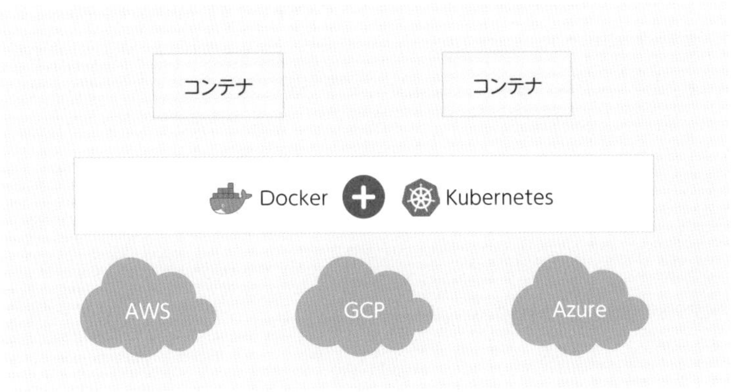

まとめ

- 主要クラウドはいずれもコンテナの実行環境とコンテナレジストリを提供している
- 細部に違いはあるがサービスの基本的な内容は共通している
- クラウドサービスの選定にはコンテナサービスの内容や価格だけではなく総合的な判断が必要

50 Amazon ECS ～AWSのコンテナオーケストレーションサービス

AWSでは、Kubernetesとは異なるオリジナルのコンテナオーケストレーションサービスが提供されています。管理・運用をAWSに任せることができ、AWSのほかのサービスと連携しやすいといった特徴があります。

Amazon ECSとは

Amazon Elastic Container Service（Amazon ECS）は、**コンテナのオーケストレーションを行うAWSのサービス**です。Kubernetesとは異なるオリジナルのコンテナオーケストレーションサービスであり、コンテナの管理・運用を自動化することができます。また、Amazon ECSはマシンやOSなどのインフラストラクチャをAWSが管理・運用するサービス（**マネージドサービス**）です。そのため、自らインフラストラクチャを管理・運用するのと比べて負荷を軽減することができます。なお、Amazon ECSはコンテナイメージを管理する機能を備えていませんが、AWSの別サービスであるAmazon Elastic Container Registry（Amazon ECR）を利用すると、コンテナイメージの登録や配布を行うことができます。

Amazon ECSを使う際、**Fargate**または**EC2**という起動タイプのうち、どちらか一方を選択する必要があります。Fargateはクラスタ管理が不要であり、コンテナイメージを指定するだけでかんたんにコンテナを起動できます。EC2はクラスタ管理が必要ですが、ノードのネットワーク構成などを細かく設定できます。なお、クラスタ管理にはプロビジョニング（起動するAmazon EC2のインスタンスタイプを選択）やスケーリングなどが含まれます。クラスタ管理が不要なFargateでは、これらの判断をユーザーが行う必要はなく、CPUやメモリを指定するだけでコンテナを起動することができます。また、コンテナを起動していなくてもインスタンスを起動していれば料金が発生するEC2とは異なり、Fargateではコンテナを起動していなければ料金は発生しません。

Amazon ECSのしくみ

P.133で述べましたが、Kubernetesの場合はデプロイメントが複数のレプリカセットを含み、レプリカセットが複数のポッドを含み、ポッドがコンテナを含むという4層構造となっています。これに対し、Amazon ECSではサービスが複数のタスクを含み、タスクが最大10個のコンテナを含む3層構造となっています。

Amazon ECSにおける**サービス**は、Kubernetesにおけるデプロイメントとレプリカセットの2つの役割を担っており、タスクのローリングアップデートやタスクの死活監視などを行えます。また、Amazon ECSにおける**タスク**はKubernetesにおけるポッドの役割を担っています。ポッドと同様で、タスクに含まれるコンテナは、同じタスクに含まれるほかのコンテナとライフサイクルを共有します。なお、localhostを宛先にすると、タスク内のコンテナ同士で通信できます。サービスやタスクの仕様をJSON形式で記述したテキストファイルは、それぞれサービス定義とタスク定義と呼ばれ、Kubernetesにおけるマニフェストと同様に、サービスやタスクの仕様を宣言的に記述することができます。

その他、Amazon ECSではタスクごとに、AWSのネットワークインターフェイスであるElastic Network Interface（ENI）が割り当てられるなど、Kubernetesとの共通点を多く見いだすことができます。

■Amazon ECSのしくみ

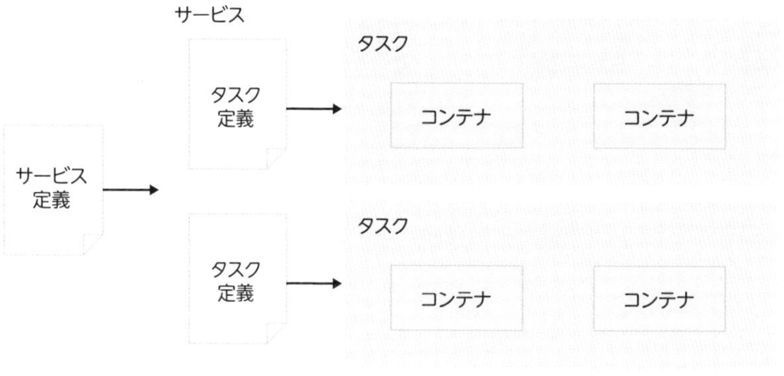

Amazon ECSのメリットとデメリット

Amazon ECSを利用するとインフラストラクチャの管理・運用をAWSに任せることができるため、ユーザーはアプリケーション開発などのより本質的な仕事に集中できるようになります。しかし、インフラストラクチャの管理・運用の権限をAWSが持つことになるため、情報セキュリティマネージメントなどの要件によっては、デメリットになる場合もあります。

また、Amazon ECSはAWSのアクセス管理（AWS IAM）やDNSサービス（Amazon Route 53）、モニタリングサービス（Amazon CloudWatch）など他のサービスと統合されているため、これらのサービスとの連携が容易な点もメリットです。しかし、AWSに依存することでマルチクラウドへの展開が困難になるなど、デメリットになる場合もあります。

メリットとデメリットは表裏一体の関係にあるため、自らの状況に応じて両面から検討することが求められます。

■ Amazon ECSはAWSサービスとの連携が容易

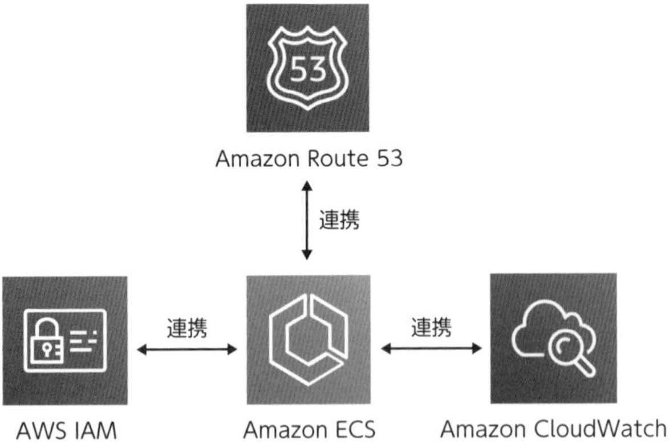

Kubernetesがあれば Amazon ECSは不要か

Kubernetesと Amazon ECSは両方ともコンテナオーケストレーションツールであり、これらを利用してできることには多くの共通点があります。また、後節で解説するAmazon Elastic Kubernetes Service（Amazon EKS）は、インフラストラクチャの管理・運用をAWSに任せながら、Kubernetesでコンテナを管理できるサービスです。

ただし、KubernetesやAmazon EKSがあればAmazon ECSは不要かというと、決してそういうわけではありません。Amazon ECSは、自動ビルドサービスであるAWS CodePipelineや自動デプロイサービスであるAWS CodeDeployとの連携機能を標準で備えているなど、Kubernetesと比べて優れている点もあります。状況によってはAmazon ECSを使ったほうが、アプリケーションの開発や運用がよりシンプルになる場合があります。

■ KubernetesとAmazon ECS

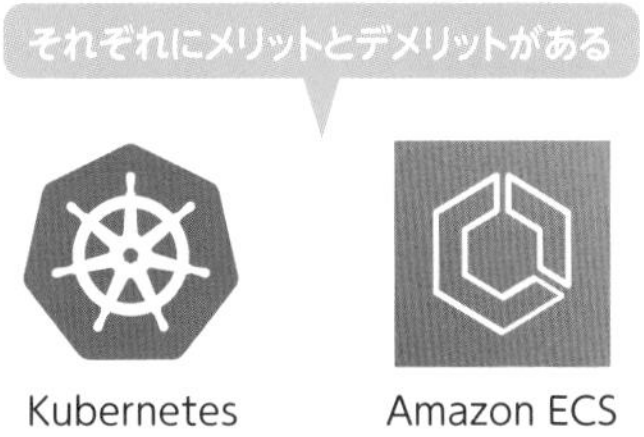

まとめ

- Amazon ECSはKubernetesとは異なるオリジナルのコンテナオーケストレーションサービス
- Amazon ECSはAWSがインフラストラクチャを管理するマネージドサービス
- Amazon ECSはサービスが複数のタスクを含みタスクが最大10個のコンテナを含む3層構造

51 Amazon EKS ～AWSのKubernetesサービス

AWSで利用できるコンテナオーケストレーションサービスはAmazon ECSだけではありません。本節では、もう1つの選択肢であるAmazon Elastic Kubernetes Service（Amazon EKS）について解説します。

Amazon EKSとは

Amazon Elastic Kubernetes Service（Amazon EKS）とは、**Kubernetesによるコンテナオーケストレーションを行うAWSのサービス**です。Amazon EKSを使うと、Kubernetesクラスタの管理・運用を自動化できます。Amazon EKSはマネージドサービスなので、自らインフラストラクチャを管理・運用するのと比べて、負荷を軽減することができます。Amazon EKSは前節で解説したAmazon ECSと同様のサービスですが、プラットフォームがKubernetesである点が、Amazon ECSとは異なります。また、Amazon EKSはワーカーを作成することなくポッドを実行することができるAWS Fargateなど、Kubernetesにはない独自の機能を備えています。

Amazon EKSのしくみ

Kubernetesクラスタがマスターとワーカーから構成されるのと同様に、Amazon EKSにおけるクラスタは**Amazon EKSコントロールプレーン**と**Amazon EKSワーカーノード**から構成されます。Amazon EKSコントロールプレーンはKubernetesクラスタにおけるマスターにあたり、Amazon EKSによって管理・運用されます。一方、Amazon EKSワーカーノードはKubernetesクラスタにおけるワーカーにあたり、AWSのサーバー仮想化サービスであるAmazon EC2（P.038参照）のインスタンス（仮想マシン）として作成されます。Amazon EKSは高可用性を確保するためのしくみを備えており、しくみを理解するためには、次に解説する「リージョン」と「アベイラビリティーゾーン」がキーワードとなります。

■ Kubernetes と Amazon EKS の比較

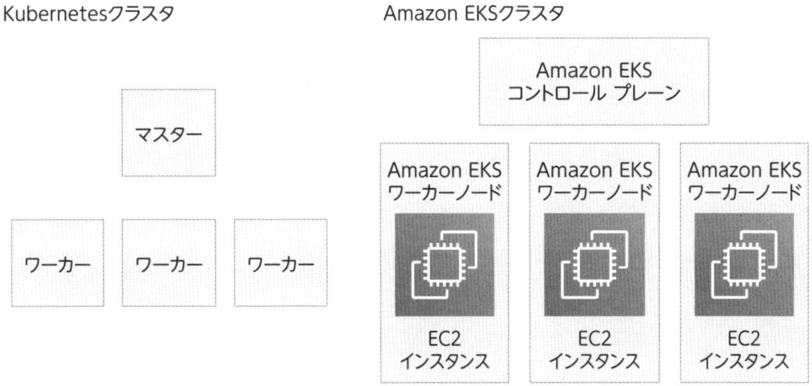

リージョンとアベイラビリティーゾーン

AWS ではデータセンターを**リージョン**という単位で地理的に分割して運用しており、リージョンは複数の**アベイラビリティーゾーン**から構成されています。アベイラビリティーゾーンは、同じリージョンに含まれるほかのアベイラビリティーゾーンから独立しています。あるアベイラビリティーゾーンで障害が発生しても、同じリージョンに含まれるほかのアベイラビリティーゾーンには影響が及ばないように設計されています。AWS は、全世界に 24 のリージョンと、77 のアベイラビリティーゾーンを運用しています（2020 年 10 月現在）。

Amazon EKS コントロールプレーンや Amazon EKS ワーカーノードを複数のアベイラビリティーゾーンに配置することで、1 つのアベイラビリティーゾーンに障害が発生しても、Amazon EKS クラスタを停止することなく稼働し続けることが可能となっています。

■ リージョンとアベイラビリティーゾーン

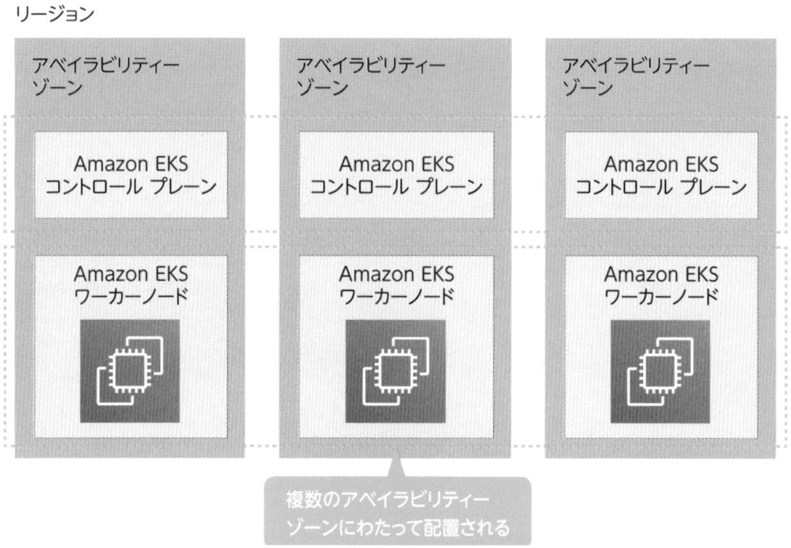

Amazon EKSのメリットとデメリット

Amazon EKSのメリット／デメリットは前節で解説したAmazon ECSのメリット／デメリットと類似しています。インフラストラクチャの管理が不要な点やAWSのほかのサービスと統合されている点が、状況によってメリットまたはデメリットになります。Amazon ECSとは異なり、Amazon EKSはKubernetesというほかのクラウドと共通のプラットフォームに築かれているサービスです。そのため、AWSからAWS以外で運用しているKubernetesクラスタへ移行する状況などで、Amazon EKSのほうがAmazon ECSと比べて容易になる点がメリットです。

しかし、Kubernetesというプラットフォームを共有していても容易に移行ができるかどうかはコンテナの設計次第であり、必ずしもメリットを享受できるとは限りません。Amazon EKSとAmazon ECSの優劣を単純に比較することはできないため、状況に応じて使い分けられるように、両方の使い方を知っていることが理想的といえます。

■ほかのクラウドへの移行が容易

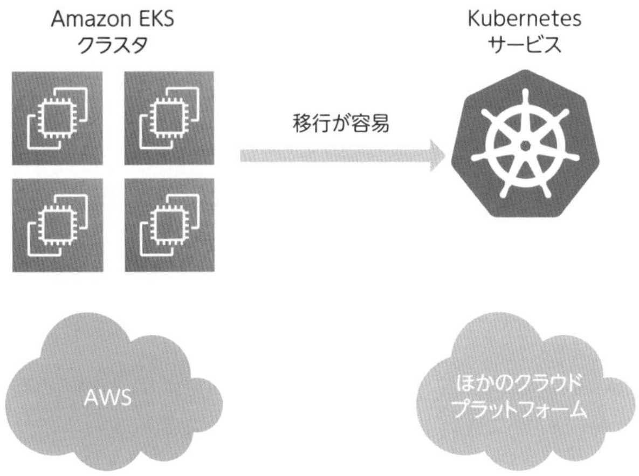

まとめ

- Amazon EKSはコンテナオーケストレーションサービス
- Amazon EKSのプラットフォームがKubernetesである点がAmazon ECSとは異なる
- Amazon EKSは高可用性を確保するためのしくみ（リージョンとアベイラビリティーゾーンによる冗長構成）が備わっている

52 AWS Fargate
～AWSのサーバーレスなコンテナ実行環境

AWSでは、クラスタを管理・運用せずに、コンテナを実行することができます。本節では、サーバーレスなコンテナ実行環境であるAWS Fargateについて解説します。同じくサーバーレスなサービスであるAWS Lambdaとの違いも紹介します。

AWS Fargateとは

AWS Fargateは、**サーバーレスなコンテナ実行環境を提供するAWSのサービス**です。AWS Fargateを使うと、コンテナイメージを指定するだけで、コンテナを実行できます。コンテナの起動時には、Docker HubやAmazon ECRなどのコンテナレジストリサービスからコンテナイメージがダウンロードされます。クラスタ管理が必要となるAmazon ECSやAmazon EKSとは異なり、AWS Fargateはクラスタ管理が不要であり、コンテナを運用する負荷を軽減することができます。AWS Fargate自体は独立したサービスではなく、コンテナオーケストレーションサービスであるAmazon ECSのオプション機能の1つとして提供されます。

AWS Fargateを使ってコンテナを起動するときには、コンテナが使用するリソース（仮想CPUユニット数とメモリ容量）を指定する必要があります。AWS Fargateの利用料金はリソースの使用量と使用時間をベースに計算され、コンテナを実行していない場合は利用料金は発生しません。

■ AWS Fargate

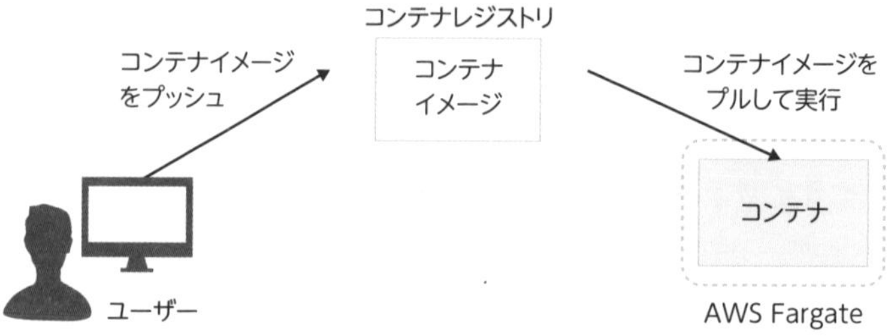

AWS Lambdaとの違い

AWSはサーバーレスなプログラム実行環境サービスとしてAWS Lambda(P.069参照)を提供しています。AWS Lambdaを使うと、ソースコードをアップロードするだけで、プログラムを実行できます。AWS LambdaとAWS Fargateを比べると、起動時に指定するものがソースコードかコンテナイメージかという点が異なりますが、実行環境を提供するサービスという点で役割が共通しています。

AWS LambdaとAWS Fargateを使い分けるポイントとして、AWS Lambdaでは実行時間の上限が15分であり、実行時間が長い場合はAWS Fargateが適しています。また、AWS Lambdaではデプロイパッケージサイズ(外部のパッケージなどを含むソースコードのサイズ)の上限が250MBであり、サイズが大きい場合はAWS Fargateが適しています。制約が少ないことを強みとするAWS Fargateに対し、AWS Lambdaはイベント駆動に強い特徴があります。たとえば、HTTPSリクエストを受信したときにプログラムを実行したい場合、イベントが発生したときだけ課金されるAWS Lambdaが適しています。

■ AWS FargateとAWS Lambdaの位置付け

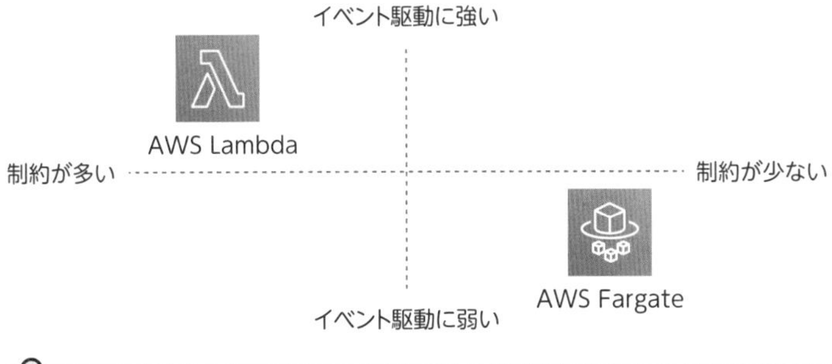

まとめ

- AWS Fargateはサーバーレスなコンテナ実行環境サービス
- AWS FargateはAWS Lambdaと比べて実行時間などの制限が少ない

53 GKE ～GCPのKubernetesサービス

Kubernetesを開発したGoogle社は、マネージドKubernetesサービスの提供をもっとも早く開始しています。本節では、Google Kubernetes Engine（GKE）について解説します。

GKEとは

Google Kubernetes Engine（GKE）とは、**Kubernetesによるコンテナオーケストレーションを行うGCPのサービス**です。GKEを使うと、Kubernetesクラスタの管理・運用を自動化できます。GKEはAmazon EKSと同様にマネージドサービスなので、、管理・運用の負荷を軽減することができます。なお、GKEはコンテナイメージを管理する機能を備えていませんが、GCPの別サービスであるContainer Registryを利用すると、コンテナイメージの登録や配布を行うことができます。GKEは過去にGoogle Container Engine（GCE）という名称でしたが、Kubernetes適合認証プログラムの取得によってサービスの名称に「Kubernetes」という単語を使うのを許可されたことを機に、現在の名称に改められました。

GKEのしくみ

Kubernetesクラスタがマスターとワーカーから構成されるのと同様に、GKEにおけるクラスタは、**クラスタマスター**と**ノード**から構成されます。クラスタマスターはKubernetesクラスタにおけるマスターにあたり、GKEによって管理・運用されます。一方、ノードはKubernetesクラスタにおけるワーカーにあたり、GCPのサーバー仮想化サービスであるGCE（P.039参照）のインスタンス（仮想マシン）として作成されます。GKEはクラスタのタイプを選択することで可用性のレベルを加減できるしくみを備えており、クラスタのタイプを理解するためには、次に解説する「リージョン」と「ゾーン」がキーワードとなります。

■KubernetesとGKEの比較

リージョンとゾーン

GCPの**リージョン**と**ゾーン**は、AWSの「リージョン」と「アベイラビリティーゾーン」にそれぞれ対応しています。GCPではデータセンターをリージョンという単位で地理的に分割して運用しており、リージョンは複数のゾーンから構成されています。ゾーンは同じリージョンに含まれるほかのゾーンから独立しており、あるゾーンで障害が発生しても、同じリージョンに含まれるほかのゾーンには影響が及ばないように設計されています。GCPは、全世界に24のリージョンと、73のゾーンを運用しています（2020年10月現在）。

GKEではクラスタのタイプとして、「シングルゾーンクラスタ」「マルチゾーンクラスタ」「リージョンクラスタ」の中から1つを選択することができます。

シングルゾーンクラスタ

同じゾーンに含まれる1つのクラスタマスターと、1つ以上のノードから構成されます。

マルチゾーンクラスタ

1つのゾーンに含まれる1つのクラスタマスターと、複数のゾーンに含まれる複数のノードから構成されます。

リージョンクラスタ

複数のゾーンに含まれる複数のクラスタマスターと、複数のゾーンに含まれる複数のノードから構成されます。

Amazon EKSは「リージョンクラスタ」と同等の構成で固定されているのに対し、GKEでは求められる可用性に合わせて、クラスタのタイプを選択可能です。

■ クラスタのタイプ

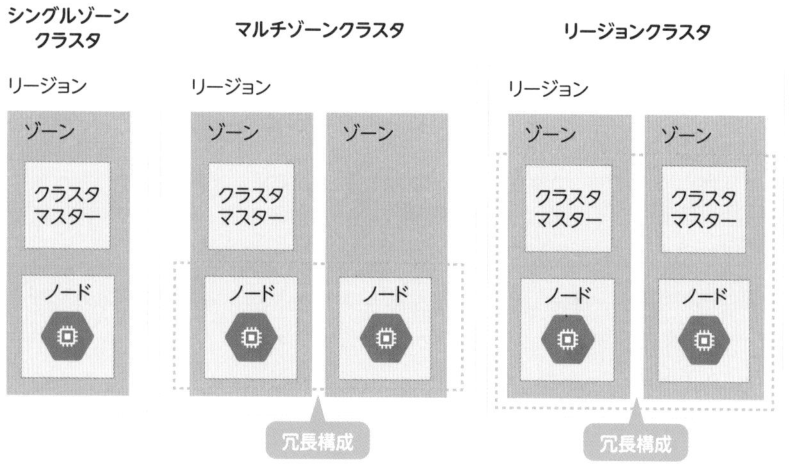

Kubernetesなら GKEが最適なのか

GKEはKubernetesクラスタを管理するという点ではAmazon EKSやAKSと共通しており、基本的な機能は同じです。しかし、他の2社のサービスと比べてもっとも早くサービス提供が開始された経緯があるため、細かいところで優れた点があります。たとえば、ノードの自動アップグレードというGKE特有の機能があり、クラスタマスターのKubernetesのバージョンが更新されたときに、ノードのKubernetesのバージョンを自動で更新できます。Kubernetes自体がGoogle社によって開発されこともあり、マネージドKubernetesサービスだけを求めるのであれば、GKEがもっとも自然な選択肢となり得ます。

■ マネージドKubernetesのタイムライン

まとめ

- GKEはKubernetesによるコンテナオーケストレーションを行うサービス
- 求められる可用性に合わせてクラスタのタイプを選択可能
- GKEはAmazon EKSやAKSと比べてもっとも早くサービス提供が開始されたため細かいところで優れた点がある

54 Cloud Run
～GCPのサーバーレスなコンテナ実行環境

GCPでは、Kubernetesクラスタの管理・運用をせずに、コンテナを実行することができます。本節では、サーバーレスなコンテナ実行環境であるCloud Runについて解説します。

Cloud Runとは

Cloud Runとは、**サーバーレスなコンテナ実行環境を提供するGCPのサービス**です。Cloud Runを使うと、コンテナイメージを指定するだけで、コンテナを実行できます。なお実際にコンテナを実行するには、HTTPSリクエストを送信するか、メッセージングサービスであるGoogle Cloud Pub/Sub経由でメッセージを送信する必要があります。

Cloud Runでは、インフラストラクチャに加えてKubernetesクラスタすらも管理することなく、サーバーレスでコンテナを実行できます。サーバーレスなので、ユーザーはサーバーの管理を行う必要がありません。そのため、GKEと比べて、管理・運用の負荷をさらに軽減することができます。なお、Cloud Run for Anthos on Google Cloudというオプションもあります。このオプションを指定すると、GCPによって管理されるKubernetesクラスタの代わりに、ユーザーが作成したGKEクラスタ内でコンテナを実行することが可能です。

■Cloud Run

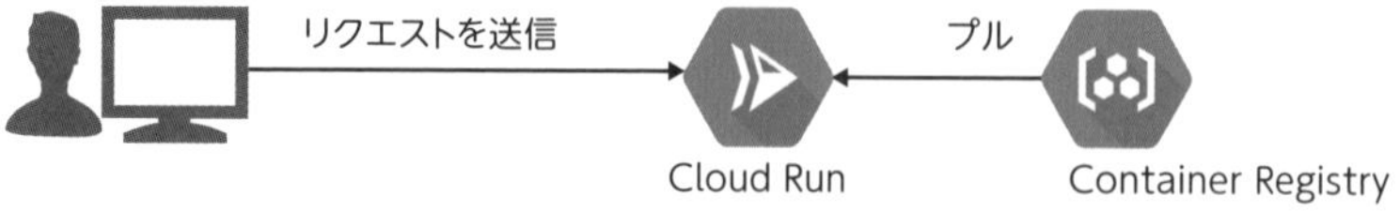

Cloud Runのしくみ

Cloud Runは、**Knative**と呼ばれるKubernetesベースのプラットフォーム上に築かれています。Knative自体は**Eventing**と**Serving**の2つのコンポーネントから構成されています。Knativeを使うと、サーバーレスアプリケーションをKubernetes上で開発・運用することができます。KnativeはオープンなAPIと実行環境を提供しており、Knativeを使って開発されたサーバーレスアプリケーションは、Knativeをサポートするほかの環境への移行が容易です。したがって、Cloud Runを使うと、**ベンダーロックイン**（特定ベンダーに大きく依存することで、他ベンダーのサービスへの移行が困難になること）を、ある程度回避できます。

Cloud Runのメリットとデメリット

Cloud RunではKubernetesクラスタを管理する必要がないため、コンテナを実行することだけが目的であれば、GKEと比べて負荷を軽減できることがメリットです。一方、単にマネージドKubernetesクラスタを必要としている状況であれば、GKEと比べて、コントロールできる範囲に制限があることがデメリットです。

また、AWS LambdaやGCPのサーバーレスサービスであるCloud Funtionsのようにプログラムをアップロードするだけで実行できるFaaSと比べ、Cloud Runではコンテナを利用するため、プログラミング言語などの制約が少ない点もメリットといえます。一方、Cloud Runではコンテナをビルドしてレジストリに登録する必要があるため、プログラムをアップロードするだけでよいFaaSと比べて、手順が多い点がデメリットです。

■オンプレミス、GKE、Cloud Runの比較

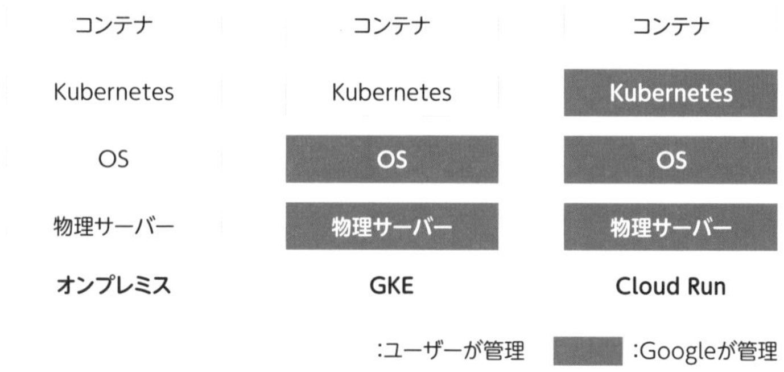

Anthosとは

Anthosは、**GCPとオンプレミスのどちらでも一貫してサーバーレスアプリケーションを動作させせることができるプラットフォーム**です。Anthosを使うと、サーバーレスアプリケーションを、GCPとオンプレミスの間で相互に移行することが容易になります。AnthosをGCPで使う場合、マネージドKubernetesサービスを提供するGKEがプラットフォームとなります。

一方、Anthosをオンプレミスで使用する場合、マネージドKubernetesサービスをオンプレミスで提供する**GKE On-Prem**がプラットフォームとなります。GKE On-Premを利用するには、オンプレミスのVMware vSphere（サーバー仮想化ソフトウェア）に、GKE On-Premをインストールします。GKEとGKE On-Premは両方ともCloud Runをサポートしているため、Cloud Run向けに作成されたサーバーレスアプリケーションを、ユーザーが作成したGKEクラスタやオンプレミス内で実行できるしくみとなっています。

■Anthos

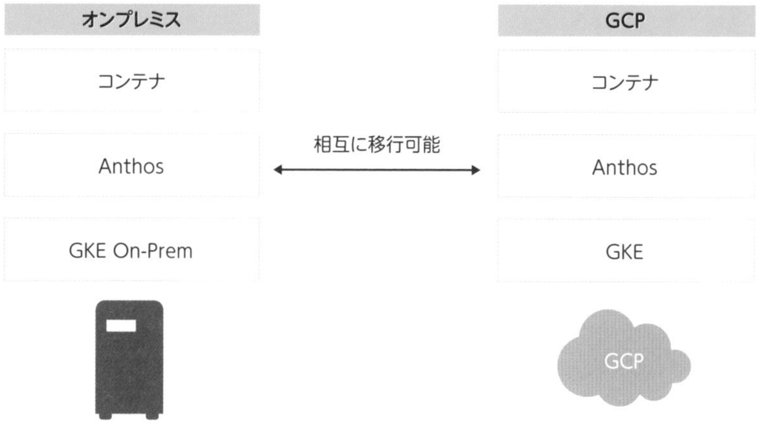

まとめ

- Cloud Runはサーバーレスなコンテナ実行環境を提供するサービス
- Cloud Runはほかの環境への移行が容易なためベンダーロックインをある程度回避できる
- AnthosはGCPとオンプレミスのどちらでも一貫してサーバーレスアプリケーションを動作させることができるプラットフォーム

55 AKS ～ Azure の Kubernetes サービス

AWSやGCPに並ぶ代表的なクラウドであるAzureも、マネージドKubernetesサービスを提供しています。本節では、Azure Kubernetes Service (AKS) について解説します。

AKSとは

Azure Kubernetes Service (AKS) とは、Amazon EKSやGKEと同様に、**KubernetesによるコンテナオーケストレーションをAzureで行うAzureのサービス**です。AKSを使うと、Kubernetesクラスタの管理・運用を自動化できます。AKSはAmazon EKSやGKEと同様にマネージドサービスなので、管理・運用の負荷を軽減することができます。

AzureではAKSよりも前にAzure Container Service (ACS) という名称のサービスの提供が開始され、ACSではKubernetesのほかに、Docker SwarmやDC/OS (Mesosphere社が開発した分散プラットフォーム) を選択できました。AKSの登場によってACSは廃止されたため、現在はマネージドサービスにKubernetesのみを使用することができます。

AKSのしくみ

Kubernetesクラスタがマスターとワーカーから構成されるのと同様に、AKSにおけるクラスタは**コントロールプレーン**と**ノード**から構成されます。コントロールプレーンはKubernetesクラスタにおけるマスターにあたり、Azureによって管理・運用されます。一方、ノードはKubernetesクラスタにおけるワーカーにあたり、Azureのサーバー仮想化サービスであるVirtual Machines (P.039参照) のインスタンス (仮想マシン) として作成されます。AKSはGKEと同様に可用性のレベルを加減できるしくみを備えており、このしくみを理解するためには、次に解説する「リージョン」と「可用性ゾーン」がキーワードとなります。

■ Kubernetes と AKS の比較

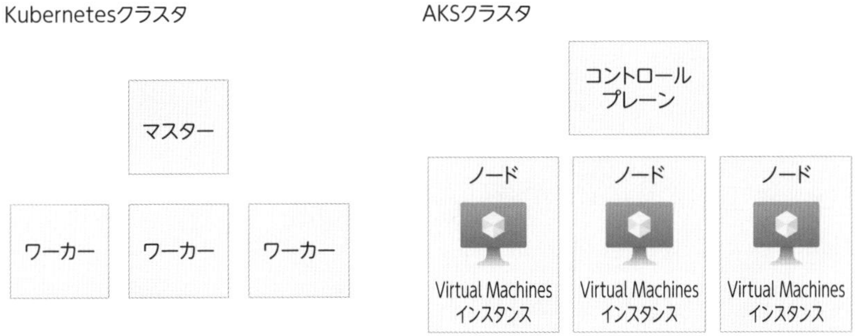

リージョンと可用性ゾーン

Azureの**リージョン**と**可用性ゾーン**は、AWSの「リージョン」と「アベイラビリティーゾーン」またはGCPの「リージョン」と「ゾーン」にそれぞれ対応しています。Azureではデータセンターを「リージョン」という単位で地理的に分割して運用しており、また、リージョンは複数の「可用性ゾーン」から構成されています。可用性ゾーンは同じリージョンに含まれるほかの可用性ゾーンから独立しており、ある可用性ゾーンで障害が発生しても同じリージョンに含まれるほかの可用性ゾーンには影響が及ばないように設計されています。Azureは、全世界に53のリージョンを運用しています（2020年10月現在）。

AKSでは基本的に1つの可用性ゾーンにコントロールプレーンとノードが配置されますが、クラスタの作成時に明示的に指定すると、複数の可用性ゾーンにコントロールプレーンとノードを分散させることができます。

■リージョンと可用性ゾーン

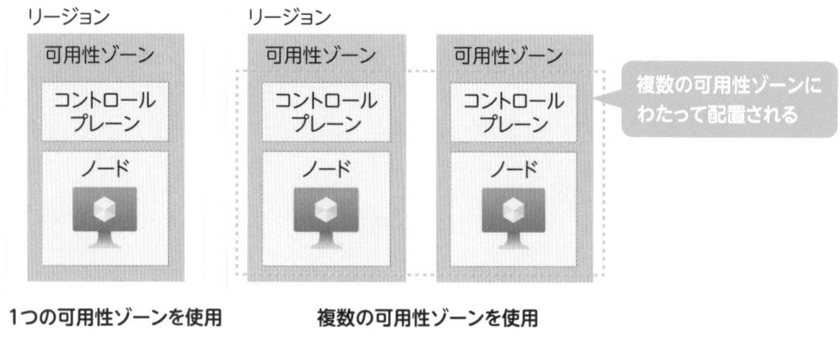

Virtual Kubeletとは

Virtual Kubeletは、Kubernetesのコンポーネントであるkubelet（P.146参照）の実装の1つです。Virtual Kubeletを使うと、AWS Fargateや後節で解説するAzure Container Instances（ACI）などのサーバーレスなコンテナ実行環境で動作するコンテナを、Kubernetesクラスタのノード（ワーカー）として扱うことができます。

マネージドKubernetesサービスとVirtual Kubeletを組み合わせると、マスターだけではなくワーカーのインフラストラクチャの管理・運用もクラウドに任せることができるため、管理・運用の負荷をさらに軽減することができます。Virtual KubeletはAzure以外のクラウドでも利用できますが、Microsoft社によって開発されてオープンソース化された経緯があるため、Virtual Kubeletを利用するのであれば、AKSは有力候補の1つとなります。

まとめ

- **AKSはKubernetesによるコンテナオーケストレーションを行うサービス**
- **Virtual Kubeletを利用する場合はAKSは有力候補の1つとなる**

56 ACI ～Azureのサーバーレスなコンテナ実行環境

Azureでも、Kubernetesクラスタを管理することなく、コンテナを実行することができます。本節では、サーバーレスなコンテナ実行環境であるAzure Container Instances（ACI）について解説します。

ACIとは

Azure Container Instances（ACI）は、**サーバーレスなコンテナ実行環境を提供するAzureのサービス**です。ACIを使うと、AWS FargateやCloud Runと同様で、コンテナイメージを指定するだけでコンテナを実行できます。ACIではインフラストラクチャの管理に加えてクラスタの管理も不要となるため、AKSと比べて管理・運用の負荷をさらに軽減することができます。ACIを使って実行されたコンテナには、必要に応じてドメイン名を割り当てられるので、ドメイン名を通じてコンテナへアクセス可能です。

ACIのしくみ

ACIでは、Kubernetesのポッドによく似た**コンテナグループ**という単位を設けています。コンテナグループは同じノード上で実行されるコンテナの集合です。コンテナグループに含まれるコンテナは、同じコンテナグループに含まれるほかのコンテナと、ライフサイクルやリソースなどを共有します。またコンテナグループは、他のコンテナグループとハイパーバイザーレベルで分離されていてカーネルを共有しないため、コンテナがカーネルを共有していることを悪用した攻撃などから保護することができます。

■ コンテナグループ

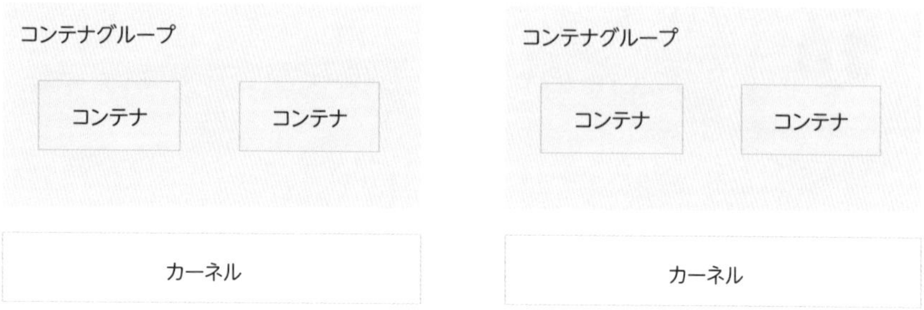

コンテナグループをデプロイする方法

ACIでは、Kubernetesにおけるマニフェストによく似たYAML形式のテキストファイルを使って、コンテナグループをデプロイすることができます。このテキストファイルは**YAMLファイル**と呼ばれ、YAMLファイルには、デプロイするコンテナグループを宣言的に記述します。また、YAMLファイルの代わりに**Azure Resource Managerテンプレート**と呼ばれるJSON形式のテキストファイルを使って、コンテナグループをデプロイすることもできます。

■ YAMLファイルの例

```
apiVersion: 2018-10-01
location: eastus
name: myContainerGroup
properties:
  containers:
  - name: aci-tutorial-app
    properties:
      image: mcr.microsoft.com/azuredocs/aci-helloworld:latest
      resources:
        requests:
          cpu: 1
          memoryInGb: 1.5
      ports:
      - port: 80
      - port: 8080
osType: Linux
  ipAddress:
    type: Public
    ports:
    - protocol: tcp
      port: '80'
    - protocol: tcp
      port: '8080'
tags: null
type: Microsoft.ContainerInstance/containerGroups
```

YAMLファイルのほうが、記述が簡潔です。ただし、デプロイ時にほかのAzureのサービスもデプロイする必要がある場合は、Azure Resource Managerテンプレートを使うことが推奨されています。

ACIの位置付け

ACIはサーバーレスなコンテナ実行環境を提供するサービスであり、マネージドKubernetesクラスタを提供するサービスであるAKSとは異なります。サーバーレスなコンテナ実行環境を提供するサービスは、ACI以外だと、AWS FargateやCloud Runがあります。一方、マネージドKubernetesクラスタを提供するサービスは、AKS以外だと、Amazon EKSやGKEがあります。主要なクラウドは、コンテナに関して互いによく似たサービスを提供していることがわかります。

■ ACIの位置付け

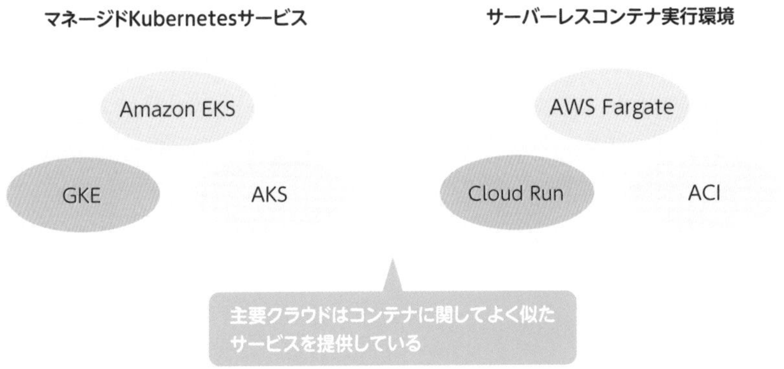

まとめ

- ACIはサーバーレスなコンテナ実行環境を提供するサービス
- ACIではコンテナグループという単位でコンテナを管理する
- ACIではYAMLファイルやAzure Resource Managerテンプレートを使ってコンテナグループをデプロイできる

57 Docker Enterprise ～一元管理でマルチクラウドを実現

コンテナ関連のサービスを提供しているのは、クラウドサービスだけではありません。たとえば、Docker Enterpriseなどがあります。サポートを優先的に受けられるなど、オープンソース版にはないメリットがあります。

有償版のDockerである「Docker Enterprise」

Docker Enterpriseとは、**コンテナを活用したアプリケーションを開発・運用するための有償のプラットフォーム**です。Docker Enterpriseを使うと、テストおよび認定されたバージョンのDocker上で、アプリケーションを開発・運用できます。また、Docker Enterpriseのサブスクリプションを持つことになるので、サポートを優先的に受けられます。

Docker Enterpriseの製品は、サーバー用マシンにインストールする「Docker Engine - Enterprise、Universal Control Plane、Docker Trusted Registry」と、開発用マシンにインストールする「Docker Desktop Enterprise」の2つに分けられています。サポート期間がオープンソース版のDockerだとリリースから7カ月間なのに対し、「Docker Engine - Enterprise」だとリリースから24カ月なので、オープンソース版と比べて長期間にわたりセキュリティ更新やバグ修正などのサポートを受けることができます。

■ Docker Enterprise

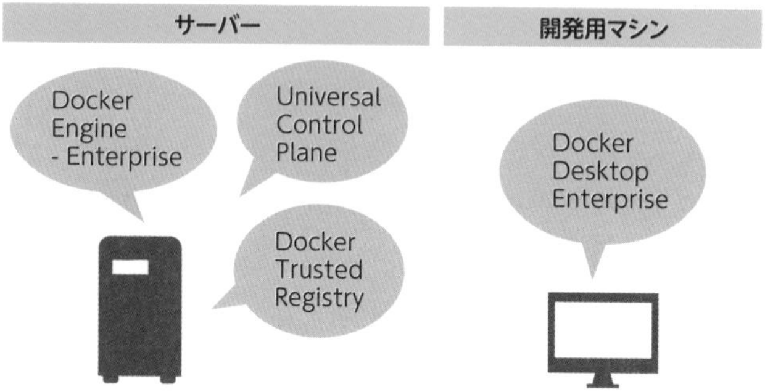

Docker Enterpriseで利用可能なツール

Docker Enterpriseで利用できるツールをいくつか紹介します。

Universal Control Plane

Universal Control Plane（UCP）とは、Docker Enterpriseで利用可能なコンテナオーケストレーションツールです。UCPを使うと、同じクラスタ内でDocker SwarmとKubernetesを共存させることができます。UCPは、Webベースのグラフィカルユーザーインターフェイスとコマンドラインの両方からアクセス可能です。

■ Universal Control Plane（GUI）

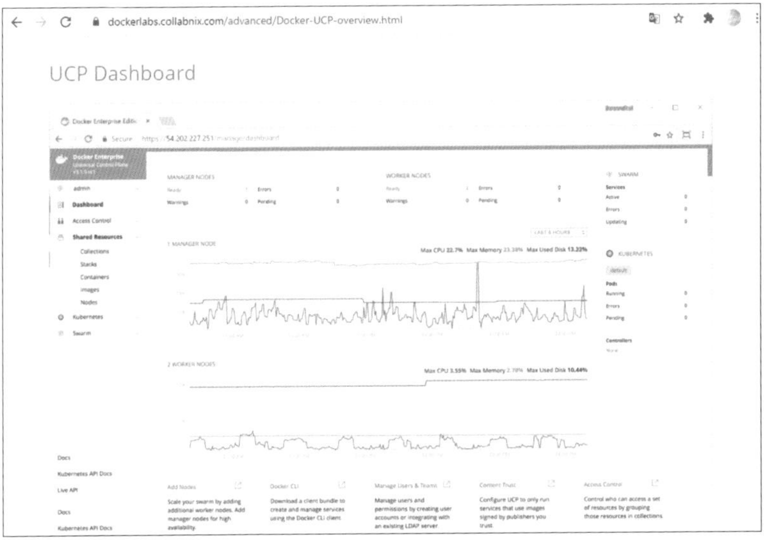

Docker Trusted Registry

Docker Trusted Registry（DTR）とは、Docker Enterpriseで利用可能なコンテナイメージのレジストリです。DTRを使うと、オンプレミスにプライベートなコンテナイメージのレジストリを設けることができます。DTRは高い可用性を備えており、インフラストラクチャの一部に障害が発生しても運用を継続できるしくみとなっています。

Federated Application Management

Federated Application Managementとは、Docker Enterpriseのアプリケーション管理機能です。Federated Application Managementを使うと、オンプレミスやクラウド上のDocker Enterprise環境、主要クラウドのマネージドKubernetesクラスタを一元管理することができるので、マルチクラウドを実現できます。なお、マネージドKubernetesクラスタにはAmazon EKS、GKE、AKSが含まれます。

■ Federated Application Management

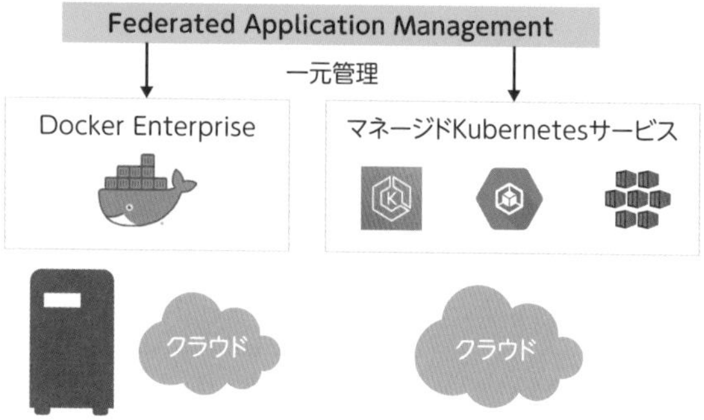

まとめ

- Docker Enterpriseはコンテナを活用したアプリケーションを開発・運用するためのプラットフォーム
- Docker Enterpriseはサポートを優先的に受けられる
- Universal Control Plane（UCP）とはDocker Enterpriseで利用可能なコンテナオーケストレーションツール

おわりに

「ユーザーファースト」や「従業員ファースト」など、他よりも優先するものをその単語の末尾に「ファースト」を付けて表現することがあります。たとえば、第4章の「Dockerが注目される理由」で説明したとおり、Dockerは「ユーザーファースト」を掲げています。

第1章の「仮想化とクラウド」で、クラウドは仮想化によって成り立っていることを説明しましたが、近年多くの企業が情報資産の保管と活用にクラウドを優先して利用する、いわゆる「クラウドファースト」を適用しつつあります。さらに最近では、「クラウドファースト」よりもっと徹底してクラウドサービスを利用するという意味の「クラウドネイティブ」という表現も使われるようになりました。

クラウドネイティブの考え方を推し進める団体であり、Kubernetesの運用を行う「Cloud Native Computing Foundation」(CNCF) は、クラウドネイティブを次のように定義しています。

クラウドネイティブ技術は、パブリッククラウド、プライベートクラウド、ハイブリッドクラウドなどの近代的でダイナミックな環境において、スケーラブルなアプリケーションを構築および実行するための能力を組織にもたらします。このアプローチの代表例に、コンテナ、サービスメッシュ、マイクロサービス、イミュータブルインフラストラクチャ、および宣言型APIがあります。

引用元:

CNCF Cloud Native Definition v1.0

https://github.com/cncf/toc/blob/master/DEFINITION.md

将来、DockerやKubernetesが、より多くのシステムをクラウドネイティブに推し進めていくことでしょう。本書が、読者が勤める会社のシステムを、クラウドネイティブに推し進める一助となれば幸いです。

五十嵐 貴之

索引 Index

A

ACI....197
AKS....194
Amazon EC2....038
Amazon ECR....118, 172, 176
Amazon ECS....176, 182
Amazon EKS....178, 180
Amazon EKSコントロールプレーン....180
Amazon EKSワーカーノード....180
Amazon VPC....054
Amazon Web Services....022
Anthos....192
API....092
AWS....022, 172
AWS Fargate....184
AWS Lambda....069, 185
Azure....022, 173
Azure Container Registry....118, 173
Azure Resource Managerテンプレート....198

C

cgroups....064, 100
chroot....058
Cloud Run....190
Cluster Autoscaler....151
ClusterIP....138
Container Registry....118, 173, 186
containerd....065
CPE....053
CRI....065
cri-o....065
CRIU....064

D

Dashboard....167
DevOps....062
Docker....037, 058, 072
「docker container commit」コマンド....112
「docker container kill」コマンド....111
「docker container ls」コマンド....111
「docker container rm」コマンド....112
「docker container run」コマンド....111
Docker Desktop....109, 154
Docker Enterprise....200
Docker Hub....116
「docker image build」コマンド....115
「docker image ls」コマンド....112
「docker image rm」コマンド....112
Docker Trusted Registry....201
Dockerfile....113
Dockerエンジン....073, 090
Dockerオブジェクト....091
Dockerクライアント....073, 090
Dockerコマンド....109
Dockerデーモン....073, 090

E～G

EC2....176
Envoy....131
etcd....169
Eventing....191
ExternalName....138
FaaS....069
Fargate....176
Federated Application Management....202

flannel……141
flanneld……142
GCE……039
GCP……022, 172
GKE……186
GKE On-Prem……192
Google Cloud Platform……022

H～I

Horizontal Pod Autoscaler……149
Hyper-V……033, 035
IaaS……022
IPC名前空間……100
IPSec……047
iptables……145
IP-VPN……046
IPVS……145
Istio……131

K

Knative……191
kube-api-server……168
kube-controller-manager……169
「kubectl apply」コマンド……155
「kubectl delete」コマンド……156
「kubectl exec」コマンド……155
「kubectl get」コマンド……155
kubectlコマンド……155, 167
kubelet……146, 169
kube-proxy……145, 169
Kubernetes……059, 108, 124
Kubernetes API……167
Kubernetesクラスタ……126
Kubernetesコマンド……153
kube-scheduler……169
KVM……035

L～R

LAN……042
libcontainer……064
libvirt……064
LoadBalancer……138
LXC……064
Microsoft Azure……022
netfilter……145
NFV……041, 050
NodePort……138
OCI……076
one-container-per-Pod……130
ONF……049
OpenFlow……041, 049
OS……011
PaaS……022
Parallels Desktop……033
PID名前空間……100
Rancher……166
Recreate……162
REST……092
Rolling Update……162

S～Y

SaaS……022
SDN……041, 048
SD-WAN……041, 052
Serving……191
SSH……079
Swarm mode……106, 125
systemd-nspawn……064

Universal Control Plane........................201
UTS名前空間..100
Vertical Pod Autoscaler........................150
Virtual Kubelet.....................................196
Virtual Machines..................................039
Virtual Network....................................055
VirtualBox..033
VLAN..041, 042
VMware...............................033, 035, 192
VPC..055
VPN...041, 046
WAN...046
Xen..035
YAMLファイル.....................................198

あ行

アーティファクト................................160
アプリケーション仮想化......................017
アベイラビリティーゾーン.................181
イメージレイヤー................................103
インターネットVPN.............................046
永続化..096
エンドポイント...................................136
オーケストレーション.........................120
オーバーレイネットワーク.........041, 044

か行

仮想化..010
仮想化ソフトウェア............................011
仮想スイッチ.......................................044
仮想マシン..079
可搬性.....................................063, 085
カプセル化..019
可用性.....................................013, 144
可用性ゾーン.......................................195
クラウド..022
クラスタマスター...............................186
ゲストOS..030
更新戦略..162
コピー・オン・ライト戦略.................103
コンテナ..............................031, 036, 078
コンテナイメージ...............................083
コンテナオーケストレーション..........095
コンテナ型仮想化........................030, 036
コンテナグループ...............................197
コンテナランタイム............................065
コンテナレイヤー...............................103
コンテナレジストリ............085, 090, 117
コントローラ.......................................134
コントロールプレーン.........................194

さ行

サーバー仮想化............................014, 030
サーバーレス.......................................068
サービス......................107, 136, 143, 177
サイドカーコンテナ............................130
差分管理..102
死活監視..................................121, 144
自動デプロイ.......................................161
自動ビルド..160
柔軟性..012
シングルゾーンクラスタ....................187
垂直スケーリング...............................149
水平スケーリング...............................149
スケーリング..............................122, 148
スケールアウト...................................019
スケールアップ...................................019
スケールイン.......................................019

ストレージ仮想化 016
ゼロタッチプロビジョニング 053
ゾーン 187

た～な行

タグ 117
タグVLAN 042
タスク 108, 177
ディストリビューション 080
デジタルトランスフォーメーション 028
デスクトップ仮想化 016
デタッチ 111
デプロイ 073
デプロイメント 133
デプロイメントコントローラ 134
トンネリング 045, 047
名前空間 078, 098
ネットワーク仮想化 015, 040
ネットワーク名前空間 100
ノード 126, 186, 194

は行

ハイパーバイザ型仮想化 030, 034
バインドマウント 097
パッケージ 079
パブリッククラウド 164
ファイルシステム 078
負荷分散 121, 144
プッシュ 117
プライベートクラウド 164
プル 117
プロセス 078
分散処理 025
ベンダーロックイン 191
ポーズ 088
ポータビリティー 063, 085
ポートVLAN 042
ホストOS 030
ホストOS型仮想化 030, 032
ポッド 128
ボリューム 091, 096

ま行

マイクロサービス 066
マウント 096
マウント名前空間 100
マスター 126, 167
マニフェスト 153
マネージドサービス 176
マネージメントコマンド 110
マネージャー 107
マルチクラウド 164, 175
マルチゾーンクラスタ 187
メトリクス 149
モノリス 066

ら～わ行

ライフサイクル 088
ラウンドロビン 145
ラベル 153
ラベルセレクター 153
リージョン 181, 187, 195
リージョンクラスタ 188
リポジトリ 116
レイヤー 084
レプリカセット 132
ワーカー 107, 126, 167

著者プロフィール

五十嵐 貴之（いからし たかゆき）

新潟県長岡市（旧越路町）出身。
東京情報大学経営情報学部情報学科卒業。
IT著書多数執筆。直近の著書は、『SQL Server Transact-SQLプログラミング 実践開発ガイド』（技術評論社、2019/10/9）。
令和元年より、東京情報大学校友会信越ブロック支部長に就任。
第1章から第3章を担当。

薄田 達哉（すすきだ たつや）

1987年生まれ、北海道出身、新潟県在住のプログラマー。
両親が2人ともプログラマーであり、自身も12歳から独学でプログラミングを始める。
苫小牧工業高等専門学校と長岡技術科学大学で情報工学を学び、2011年6月に株式会社ロレムイプサムを設立。
主な事業内容はWebアプリケーションのスクラッチ開発であり、テストやデプロイを省力化するためにコンテナ技術を活用している。
趣味は飛行機。
第4章から第6章を担当。

■お問い合わせについて

- ご質問は本書に記載されている内容に関するものに限定させていただきます。本書の内容と関係のないご質問には一切お答えできませんので、あらかじめご了承ください。
- 電話でのご質問は一切受け付けておりませんので、FAXまたは書面にて下記までお送りください。また、ご質問の際には書名と該当ページ、返信先を明記してくださいますようお願いいたします。
- お送り頂いたご質問には、できる限り迅速にお答えできるよう努力いたしておりますが、お答えするまでに時間がかかる場合がございます。また、回答の期日をご指定いただいた場合でも、ご希望にお応えできるとは限りませんので、あらかじめご了承ください。
- ご質問の際に記載された個人情報は、ご質問への回答以外の目的には使用しません。また、回答後は速やかに破棄いたします。

■装丁……井上新八
■本文デザイン……BUCH+
■DTP……リブロワークス
■本文イラスト……リブロワークス
■担当……田中秀春
■編集……リブロワークス

図《ず》解《かい》即《そく》戦《せん》力《りょく》
仮《か》想《そう》化《か》&《アンド》コンテナが
これ1冊《さつ》でしっかりわかる教《きょう》科《か》書《しょ》

2020年12月3日　初版　第1刷発行

著　者　五十嵐《いからし》 貴之《たかゆき》、薄田《すすきだ》 達哉《たつや》
発行者　片岡　巌
発行所　株式会社技術評論社
東京都新宿区市谷左内町21-13
電話　03-3513-6150　販売促進部
03-3513-6160　書籍編集部
印刷／製本　株式会社加藤文明社

ISBN978-4-297-11690-3 C3055

Printed in Japan

■問い合わせ先

〒162-0846
東京都新宿区市谷左内町21-13
株式会社技術評論社 書籍編集部
「図解即戦力　仮想化&コンテナがこれ1冊でしっかりわかる教科書」係
FAX：03-3513-6167
技術評論社ホームページ
https://book.gihyo.jp/116